MEIO AMBIENTE, POLUIÇÃO E RECICLAGEM

ELOISA BIASOTTO MANO
ÉLEN B. A. V. PACHECO
CLÁUDIA M. C. BONELLI

MEIO AMBIENTE, POLUIÇÃO E RECICLAGEM

2.ª edição

Meio ambiente, poluição e reciclagem

© 2010 Eloisa Biasotto Mano
          Élen Beatriz Acordi Vasques Pacheco
          Cláudia Maria Chagas Bonelli

2ª edição – 2010
2ª reimpressão – 2016
Editora Edgard Blücher Ltda.

Capa: Pequeno detalhe da maravilhosa paisagem de Fernando de Noronha.

Blucher

Rua Pedroso Alvarenga, 1245, 4º andar
04531-934 – São Paulo – SP – Brasil
Tel.: 55 11 3078-5366
contato@blucher.com.br
www.blucher.com.br

Segundo o Novo Acordo Ortográfico, conforme 5. ed. do *Vocabulário Ortográfico da Língua Portuguesa*, Academia Brasileira de Letras, março de 2009.

FICHA CATALOGRÁFICA

Mano, Eloisa Biasotto,
    Meio ambiente, poluição e reciclagem / Eloisa Biasotto Mano, Élen Beatriz Acordi Vasques Pacheco, Cláudia Maria Chagas Bonelli. – 2ª ed. – São Paulo: Blucher, 2010.

    Bibliografia.
    ISBN 978-85-212-0512-8

    1. Desenvolvimento sustentável 2. Meio ambiente 3. Plásticos – Aspectos ambientais 4. Poluição 5. Reciclagem (Resíduos etc.) 6. Resíduos plásticos I. Pacheco, Élen B. A. V. II. Bonelli, Cláudia M. C. III. Título.

10-11233   CDD-363.7282

Índices para catálogo sistemático:
1. Poluição: Meio ambiente: Problemas sociais   363.7282

PREFÁCIO

O Instituto de Macromoléculas Professora Eloisa Mano, da Universidade Federal do Rio de Janeiro, foi pioneiro no Brasil, em termos universitários, na investigação científica e tecnológica de produtos reciclados provenientes de plásticos pós-consumidos. Os trabalhos tiveram início em 1990, com duas jovens estudantes de Pós-Graduação – Élen B. A. V. Pacheco e Cláudia M. C. Bonelli, coautoras deste livro –, sob a orientação da professora Eloisa Biasotto Mano.

O contato com inúmeros interessados, no Brasil e no exterior, suscitou a ideia de transmitir às comunidades acadêmica e industrial a experiência adquirida, relacionando-a à crescente conscientização da sociedade quanto à urgente necessidade de preservação da Natureza. Assim surgiu o livro *Meio Ambiente, Poluição e Reciclagem*, que ora apresentamos.

O assunto, tão amplo e complexo, foi abordado com a metodologia científica habitual, porém evitando torná-lo de difícil compreensão para os leitores não familiarizados com a terminologia técnica. Da preocupação de reunir conhecimentos tão diversificados de forma a facilitar ao interessado a busca de assuntos correlatos, resultaram numerosos quadros. Tentou-se reproduzir a beleza de alguns tópicos naturais por imagens coloridas, em algumas figuras. Ao término do trabalho, depois de adquirir uma visão geral do nosso planeta, sentimos uma grande emoção por constatar como o Brasil foi tão bem aquinhoado pela Natureza. Esse sentimento torna-se um estímulo para procurarmos melhor corresponder à grandeza de nosso País.

Esperamos que esta obra possa contribuir para que seja acelerada a consolidação do desenvolvimento sustentável em nosso planeta, etapa essencial à manutenção da qualidade de vida para as gerações futuras.

As Autoras

AGRADECIMENTOS

As Autoras expressam seus agradecimentos ao Conselho Nacional de Desenvolvimento Científico e Tecnológico (CNPq), cujo apoio permanente ao longo dos anos, por meio de bolsas de pesquisa, permitiu a aquisição e a consolidação dos conhecimentos apresentados nesta obra.

Agradecem também à Fundação de Amparo à Pesquisa do Estado do Rio de Janeiro (Faperj), pelo auxílio financeiro concedido para a aquisição de computadores e periféricos, indispensáveis à elaboração dos textos, quadros e figuras.

Pela grande participação que tiveram e que possibilitou a concretização deste livro, apresentamos nosso profundo reconhecimento:

- Ao desenhista Joel Aparício Pacheco, por sua grande capacidade de transformar nossas ideias em desenhos reais, cuidadosamente elaborados.

- À estudante de Engenharia Civil Luiza Ronchetti, inteligente, competente e dedicada estagiária, por sua excelente atuação na preparação dos textos e na busca bibliográfica.

- À pesquisadora Eliane Cristina Rodrigues da Silva, pela sua eficiente contribuição no preparo do Índice de Assuntos.

- À Dra. Allegra Viviane Yallouz, por suas importantes informações sobre a toxicidade de metais.

- À Professora Dra. Fernanda Maria Barbosa Coutinho, por seus comentários e valiosas sugestões após a leitura dos manuscritos.

- Ao Engenheiro Químico Dr. Otto Vicente Perrone, pelo apoio e sugestões que viabilizaram a publicação do livro.

As Autoras

CONTEÚDO

ÍNDICE DE QUADROS E FIGURAS

Quadros

Quadro 12.5   Tipos de degradação ambiental de resíduos plásticos 129

Quadro 12.6   Biodegradabilidade de plásticos comerciais 132

Quadro 13.1   Entalpia de combustão de alguns materiais presentes no
lixo urbano...138

Quadro 13.2   Símbolos de identificação de polímeros para reciclagem.................143

Quadro 13.3   Temperatura de fusão e densidade de materiais
presentes no lixo urbano 144

Figuras

Figura 2.1   Modelo de camadas concêntricas da estrutura interna
do globo terrestre..8

Figura 2.2   Principais placas tectônicas da Terra...12

Figura 2.3   Círculo do Fogo 12

Figura 2.4   Aspecto atual da superfície terrestre do planeta 13

Figura 4.1   Camadas gasosas que envolvem a Terra 26

Figura 5.1   Representação simplificada da estrutura do DNA.............................35

Figura 5.2   Migração do *Homo sapiens* de sua origem, na África,
há 150 mil anos, para todo o planeta..39

Figura 8.1   Frequência das radiações luminosas e acústicas do espectro
eletromagnético solar...70

Figura 8.2   Distribuição da energia do espectro solar que atinge a
superfície terrestre...71

Figura 9.1   As dimensões do desenvolvimento sustentável.................................96

Figura 12.1   *Commodities, pseudo commodites* e *specialties* consumidos
no Brasil no ano 2000...124

Figura 13.1   Tipos de reciclagem de termoplásticos..139

Figura 13.2   Tipos de reciclagem de termorrígidos...139

Figura 13.3   Principais etapas da reciclagem mecânica de resíduos plásticos.....142

Figura 13.4   Separação por densidade de resíduos plásticos 145

A NATUREZA E O PLANETA TERRA

A Natureza

Nas últimas décadas do século XX, uma preocupação de caráter amplo e geral sobre a preservação da Natureza foi se disseminando em algumas sociedades mais evoluídas, a princípio no âmbito individual, fluindo depois para organizações sociais, governamentais ou não, e para as escolas, desde o ensino fundamental. As ideias geradas e transmitidas progressivamente aos jovens foram a base da conscientização atual quanto à importância desse tema.

No estágio primitivo, os povos já sentiam a sua vinculação à Natureza. O homem moderno colonizou praticamente todo o globo terrestre, tomou as terras dos nativos e implantou sua própria cultura. Muito pouco das tradições indígenas foi transmitido aos colonizadores, principalmente em relação ao meio ambiente.

Como ilustração desses fatos, pode-se lembrar que, em 1854, o presidente dos Estados Unidos, Franklin Pierce, fez à tribo indígena Suquamish a proposta de comprar grande parte de suas terras, oferecendo, em contrapartida, a concessão de uma outra reserva. O chefe da tribo, Seattle, recusou a oferta, respondendo com um belo pronunciamento em defesa do meio ambiente, em que revelava o seu amor pela Natureza. Argumentava ele que a terra é sagrada e seu povo era parte dela, e ela, parte dele. As flores perfumadas eram irmãs de seu povo; o cervo, o cavalo e a águia eram também seus irmãos. Os picos rochosos, os sulcos úmidos nas campinas, o calor do corpo do potro e do homem pertenciam à mesma família. Os rios eram seus irmãos e saciavam sua sede e, portanto, os homens deviam dar aos rios a bondade que dedicariam a qualquer irmão. O chefe indígena dizia que devíamos ensinar às nossas crianças que o solo aos nossos pés é a cinza de nossos avós, que a terra é nossa mãe e o que acontecer a ela acontecerá aos seus filhos: a terra não pertence ao homem, o homem pertence à terra. Todas as coisas estão interligadas como o sangue que une uma família. O homem não tramou o tecido da vida, ele é simplesmente um de seus fios. Tudo o que ele fizer ao tecido, fará a si mesmo. É impressionante que palavras tão profundas e cheias de filosofia e respeito sejam ainda tão atuais.

A hipótese de Gaia

Ao longo do tempo, a Natureza tem mostrado à humanidade como preservar as condições propícias à conservação da vida das inúmeras espécies. A biosfera, que inclui todos os organismos vivos da Terra, interage como um todo com o ambiente físico. A partir da conscientização dessa interação surgiram diversas ideias para a sua explicação, sendo a mais difundida a **Hipótese de Gaia**, proposta pelo biólogo americano James Lovelock, em 1972. Considera a Terra como um sistema intimamente interligado de processos físicos, químicos e biológicos, que interagem de modo autorregulador a fim de manter as condições necessárias à vida. Esta hipótese contrasta com a concepção de que a Terra é meramente um lugar inanimado, dispondo fortuitamente de condições que têm permitido a evolução de plantas e animais.

A Terra era reverenciada como a Deusa-Mãe, com o nome de Gaia, com vida e sentimentos próprios, em um templo localizado em Delfos, na Grécia, por volta de 1.200 a.C. Segundo a mitologia grega, na escuridão nevoenta do Caos, foi surgindo gradativamente a imagem da divindade Gaia, coberta com mantos alvos, esvoaçantes, dançando e rodopiando, tornando-se cada vez mais visível. Com os incessantes rodopios, seu corpo foi se solidificando e se transformou em montanhas e vales, sua transpiração se transformou em mares e rios, seus braços se alongaram e a envolveram em proteção, formando o firmamento à sua volta. A união da Terra e do firmamento gerou condições para o surgimento tanto da vida vegetal como da animal e, posteriormente, dos seres humanos mortais.

A Hipótese de Gaia marca de modo fundamental uma ruptura em relação às visões científicas e tecnológicas dos séculos XVIII e XIX. Porém, de modo ainda mais fundamental, essa hipótese, supostamente radical, também pode ser vista como uma religação com tradições antigas, como as do chefe indígena Seattle.

O respeito à conservação ambiental tem sido uma preocupação social constante nas últimas décadas, porém é preciso um firme apoio governamental para que a curva de degradação crescente, observada em muitos países, seja realmente revertida. Há necessidade de iniciativas amplas e bem integradas, para que o esforço resulte em benefícios significativos e duradouros. Cabe à sociedade moderna simular a Natureza, por meio do desenvolvimento de ciclos de renovação artificial, para compensar a ação destruidora cumulativa que vem ocorrendo em todo o planeta.

O Sistema Solar

O Sistema Solar é composto pelo Sol e oito planetas: Mercúrio, Vênus, Terra, Marte, Júpiter, Saturno, Urano e Netuno, cujas características principais se encontram no Quadro 1.1. Os planetas do Sistema Solar giram no sentido de Oeste para Leste, isto é, no sentido horário, menos Vênus e Urano. Com exceção de Mercúrio e Vênus, todos os planetas do Sistema Solar têm satélites. A Lua é o único satélite natural da Terra, da qual dista, em média, 390.000 km. Seu volume é 49 vezes menor do que o da Terra. Mesmo assim é o quinto maior satélite do Sistema Solar.

O **Sol** é uma massa gasosa 300.000 vezes maior que a Terra, muito quente, que irradia calor a uma temperatura de cerca de 6.000 °C. É um astro luminoso e bri- lhante, centro do sistema planetário em torno do qual giram a Terra e os demais planetas. É uma estrela de 5ª grandeza, a estrela mais próxima da Terra. Sua luz leva 8,5 minutos para atingir a Terra; para atingir a estrela mais próxima dele, a Alfa do Centauro, são quase 4 anos. O Sol se desloca no espaço e arrasta consigo todo o sistema planetário, em direção a um ponto situado na constelação da Lira.

É interessante observar a correlação entre o nome dos astros do Sistema Solar e a mitologia greco-romana, condensada no **Quadro 1.2**. **Mercúrio** provém do deus romano *Mercurius*, o mensageiro dos deuses. Vênus provém da deusa romana da formosura, do amor e dos prazeres, *Venus*. **Terra** vem do latim *Terra*, Deusa-Mãe, divindade benévola da fecundidade. **Marte**, que brilha com coloração vermelha vi- sível na escuridão da noite, é como se chama o deus da guerra. **Júpiter**, pelo seu maior tamanho, é o pai dos deuses entre os romanos. **Saturno** é o nome do deus

Quadro I.I Planetas do Sistema Solar e suas características principais								
Planeta	Mercúrio	Vênus	Terra	Marte	Júpiter	Saturno	Urano	Netuno
Diâmetro (mil km)	4,9	12,1	12,8	6,8	143	121	51,1	50
Massa (ton)	330 quintilhões	5 sextilhões	6 sextilhões	642 quintilhões	2 heptilhões	570 sextilhões	87 sextilhões	102 sextilhões
Temperatura (°C)	173 a 427	462	−70 a 55	−120 a 25	150	180	216	214
Distância média do Sol (milhões de km)	58	108	150	228	778	1427	2871	4497
Período de translação[a]	88 dias	224,7 dias	365,3 dias	687 dias	11,9 anos	29,5 anos	84 anos	164,8 anos
Período de rotação[a]	56 dias	243 dias	23h56min	24h37min	9h55min	10h40min	17h14min	16h 7min
Gravidade (1 kg)	0,37	0,88	1,00	0,38	2,34	1,15	1,17	1,18
Número de satélites	0	0	1[b]	2[c]	61[d]	31[e]	22[f]	12[g]
Descobrimento	1662	500 a.C.	—	—	1610	1610	1781	1846
Descobridor	J. Hevelius	Pitágoras	—	—	G. Galilei	G. Galilei	W. Herschel	U. Le Verriel e J.C. Adams

[a]Referente a dias e anos terrestres; valores aproximados; [b]Lua; [c]Deimos, Fobos; [d]Io, Europa, Ganimedes, Calisto; [e]Titã, Encélado e Iapetus; [f]Oberon e Titânia; [g]Tritão, Proteus, Nereida. Obs.: dos planetas que têm inúmeros satélites, estão relacionados apenas os maiores.

Fonte: http://www.geocities.com/capecanaveral/7526/planetas.htlm, acessado em janeiro, 2004.
http://noticias.uol.com.br/inovacao/ultimas/ult762ul1669.jhtm, acessado em março, 2004.

	Nome do astro	Origem		Significado mitológico
Nº		Grega	Romana	
1	Sol	*Helion*	*Sol*	Deus do sol, carruagem de fogo que corta os céus
2	Mercúrio	*Hermes*	*Mercurius*	Deus do comércio, dos viajantes e da eloquência; mensageiro dos deuses
3	Vênus	*Afrodite*	*Venus*	Deusa da formosura, do amor e dos prazeres
4	Terra	*Gaia*	*Terra*	Deusa-Mãe, divindade benévola da fecundidade
5	Marte	*Ares*	*Mars*	Deus da guerra
6	Júpiter	*Zeus*	*Jupiter*	Pai dos deuses do Olimpo; o ser supremo
7	Saturno	*Cronos*	*Saturnus*	Deus do tempo
8	Urano	*Uranos*	*Uranus*	Deus do universo
9	Netuno	*Poseidon*	*Neptunus*	Deus do mar

Quadro 1.2
Astros do Sistema Solar e mitologia greco-romana

Fonte: N. Julien – *Minidicionário Compacto de Mitologia*. Editora Rideel, São Paulo, 2002.

grego da fartura. **Urano** é como é nomeado o rei dos céus. **Netuno** é o deus grego do mar.

Os quatro primeiros planetas do Sistema Solar — Mercúrio, Vênus, Terra e Marte — são de superfície rochosa e sólida. Os maiores — Júpiter, Saturno, Urano e Netuno — são os gigantes gasosos. Plutão, outrora considerado planeta, é muito pequeno e distante, rochoso, quase um asteroide.

Além desses astros, há ainda os asteroides, que são cerca de 1.600 planetoides ou pedaços de planeta que se movem em volta do Sol, localizados principalmente entre as órbitas de Marte e Júpiter. Em razão da imensidão das distâncias celestes, foi criada a unidade **ano-luz**, isto é, a distância percorrida em um ano pela luz, com a velocidade de 300.000 km por segundo. O Sistema Solar é parte da **Via Láctea**, isto é, de uma **galáxia** ou imenso agrupamento de estrelas com o comprimento de 130.000 anos-luz e largura máxima de 20.000 anos-luz, que se revela como uma enorme mancha esbranquiçada no firmamento.

No Universo, que é o conjunto de todos os corpos que existem no infinito espaço celeste, o Sistema Solar ocupa um volume cujo diâmetro tem 13 bilhões de quilômetros. O perfeito equilíbrio entre os astros é explicado pela Lei da Atração Universal, criada pelo físico inglês Isaac Newton, no início de século XVIII: "No Universo tudo se passa como se os corpos se atraíssem na razão direta das massas e na razão inversa do quadrado das distâncias que os separam".

O planeta Terra

A **Terra**, o terceiro planeta do Sistema Solar pela ordem de proximidade do Sol e o quarto em tamanho, tem cerca de 4,5 bilhões de anos. A forma geral da Terra é uma esfera achatada nos polos, com raio médio de 6.350 km. A sua distância média em relação ao Sol é de 150 milhões de quilômetros. Fora o Sol, a estrela mais próxima da Terra é a Alfa, da constelação Centauro, a 4,3 anos-luz de nós. Assim, as modificações, antropogênicas ou não, que o planeta sofre praticamente não têm influência sobre a vida do Universo; porém, são altamente significativas e impactantes para os seres terrestres.

Tal como acontece com outros planetas do Sistema Solar, a Terra apresenta dois movimentos importantes: o de rotação e o de translação. **Rotação** é o movimento que a Terra realiza em torno de si mesma e cuja duração, de aproximadamente 24 horas, gera os dias e as noites. **Translação** é o movimento que a Terra descreve em torno do Sol, percorrendo uma órbita elíptica. Esse movimento tem a duração de 365 dias e 6 horas, arredondados para 365 dias ou um ano. A diferença é acertada a cada 4 anos com o ano bissexto, com duração de 366 dias, graças à inclusão do dia 29 de fevereiro no calendário. Em consequência desse movimento orbital em torno do Sol, surgem as estações do ano: **primavera, verão, outono e inverno**. Durante o movimento de translação ocorrem os equinócios e solstícios.

Solstício, do latim *solstitiu*, significa "parada do Sol". Ocorre o solstício de verão, aproximadamente no dia 21 de junho, quando o Sol está em zênite (palavra árabe que quer dizer "ponto", no sentido de estar no ponto vertical) do trópico de Câncer, e o Hemisfério Norte recebe o máximo de insolação. Nesse dia, o Hemisfério Sul recebe o mínimo de insolação. O Norte tem o **solstício de verão**, com o dia mais longo e a noite mais curta do ano, enquanto o Sul tem o **solstício de inverno**, com o dia mais curto e a noite mais longa do ano. Iniciam-se o verão no Hemisfério Norte e o inverno no Hemisfério Sul. Para o Hemisfério Sul, o solstício de verão ocorre aproximadamente no dia 21 de dezembro, quando, no Hemisfério Norte, é o solstício de inverno.

Equinócio, do latim *aequinoctiu*, significa "igualdade dos dias e das noites". No dia 23 de setembro, o Sol está no zênite do Equador, e os dois hemisférios recebem luz e calor em quantidades iguais; em todo o planeta, o dia e a noite têm a mesma duração, com doze horas cada um. É o **equinócio de outono** no Hemisfério Norte, e o **equinócio de primavera** no Hemisfério Sul. Inversamente, no dia 21 de março temos o **equinócio de primavera** no Hemisfério Norte e o **equinócio de outono** no Hemisfério Sul.

A linha de latitude equidistante dos polos Norte e Sul, situada a 0°, é o **Equador**. É a circunferência imaginária que atravessa a parte mais larga do planeta, determinando a divisão do globo em dois hemisférios: **Hemisfério Norte** (**Boreal** ou **Setentrional**) e **Hemisfério Sul** (**Austral** ou **Meridional**).

A superfície total da Terra é de 510 milhões de km^2, dos quais 2/3 são cobertos por oceanos. A exata localização de qualquer ponto situado sobre essa superfície é feita pelos parâmeros latitude e longitude, que são as coordenadas geográficas.

Latitude vem do latim *latitudine*, que significa "largura"; é a distância em graus de um ponto qualquer da superfície terrestre até a linha do Equador, considerada latitude zero. É medida em paralelos de 0 a 90°, N (Norte) ou S (Sul). **Longitude** vem do latim *longitudine*, que significa "comprimento"; é a distância em graus de um ponto qualquer da superfície da Terra até o Meridiano de Greenwich. Corresponde ao ângulo formado pela posição de um determinado ponto em relação ao plano meridiano, variando de 0 a 180° E (do inglês *East*, Leste) e de 0 a 180° W (do inglês *West*, Oeste).

Como os meridianos são todos iguais, ao contrário dos paralelos, foi preciso convencionar um ponto inicial. Em 1675, por ordem do rei Charles II, foi construído o Observatório Real em Greenwich, situado no subúrbio de Londres, e o meridiano que passa por esse observatório foi tomado como referência para a Grã-Bretanha. Muito mais tarde, em 1884, após diversas tentativas de normalização, foi decidido na Conferência Internacional dos Meridianos, reunida nos Estados Unidos, em Washington, D.C., que o meridiano que passa por Greenwich seria o único meridiano de referência mundial, o **Meridiano de Greenwich**, descartando-se os demais que já estavam em uso. A longitude é então calculada de Leste para Oeste, a partir desse meridiano, até 180°.

Há 6 coordenadas geográficas importantes. São cinco paralelos: o **Equador** (latitude 0°), o **Trópico de Câncer** (latitude 23°28' N), o **Trópico de Capricórnio** (latitude 23°28' S), o **Círculo Polar Ártico** (latitude 66°32' N) e o **Círculo Polar Antártico** (latitude 66°32' S). Os trópicos e os círculos polares distam igualmente 23°28' respectivamente do Equador e dos Polos Norte e Sul. A zona entre o Trópico de Câncer e o Trópico de Capricórnio é conhecida como **Trópico**, onde o clima é quente. A cúpula permanente de gelo em áreas de grande latitude é chamada **calota polar**. A 6ª linha imaginária referencial é o **Meridiano de Greenwich**, de onde parte a numeração dos meridianos, para Oeste ou para Leste, dividindo o globo em dois hemisférios: **Hemisfério Ocidental** (W) e **Hemisfério Oriental** (E).

Bibliografia recomendada

- Eisler, R. *A deusa da natureza e da espiritualidade*, in Campbell, J., Eisler, R., Gimbuta, M & Mises, C. *Todos os nomes da deusa*, Tradução Pena, B., Editora Rosa dos Tempos, Rio de Janeiro (1997).
- Julien, N. *Minidicionário Compacto de Mitologia*, Editora Rideel, São Paulo (2002).
- http://www.ecolo.org/lovelock, acessado em abril, 2004.
- http://www.webcom.com/duane/seattle.html, acessado em abril, 2004.
- http://www.gpsglobal.com.br/artigos, acessado em janeiro, 2004.
- http://www.geocities.com/capecanaveral/7526/planetas.html, acessado em janeiro, 2005.
- http://noticias.uol.com.br/inovacao/ultimas/ult762ul1669.jhtm, acessado em janeiro, 2004.

O PLANETA E A TERRA
2

A estrutura interna do globo terrestre

O planeta Terra tem sua estrutura interna descrita segundo um modelo de camadas concêntricas, definidas por sua profundidade, composição, rigidez e descontinuidade na transmissão de ondas sísmicas. A **Figura 2.1** facilita a melhor compreensão do modelo. Assim, o globo terrestre é composto de **crosta**, **manto** e **núcleo**. Por sua vez, a crosta se subdivide em **continental**, superior e inferior, e **oceânica**. O manto se divide em superior e inferior. O núcleo, em externo e interno.

A **crosta terrestre**, também chamada **litosfera**, é a carapaça externa da Terra, dura e fina, e flutua no manto, mais mole e mais denso. Tem cerca de 30 km de espessura, com rochas leves (densidade: 2,7 a 2,9), vulcânicas, ígneas, metamórficas e sedimentares. A camada superficial da Terra é o **solo**, formado por material decomposto proveniente de rochas e acrescido de atividade microbiana. Sua temperatura pode variar entre + 50 e – 50 °C.

A **crosta continental superior** é constituída principalmente por rochas graníticas, do tipo silicato de alumínio, abreviadas **SiAl**, mais antigas, ao passo que a **crosta continental inferior** é formada de rochas basálticas, do tipo silicato de magnésio, abreviadas **SiMa**, mais jovens. Essas duas camadas são separadas pela **descontinuidade de Conrad**, a cerca de 17 km de profundidade. A **crosta oceânica**, no piso dos oceanos, apresenta uma camada basáltica de 1 a 4 km de espessura, seguida de uma camada de 5 a 6 km de espessura, a camada oceânica. Essa camada se separa da camada subsequente pela **descontinuidade de Mohorovicic**, abreviada **Moho**, à profundidade de cerca de 30 km.

Figura 2.1
Modelo de camadas
concêntricas da
estrutura interna do
globo terrestre.
Fonte: Adaptado
de http://domingos.
home.sapo.pt/estrutu-
ra_4.html, acessado
em abril, 2004.

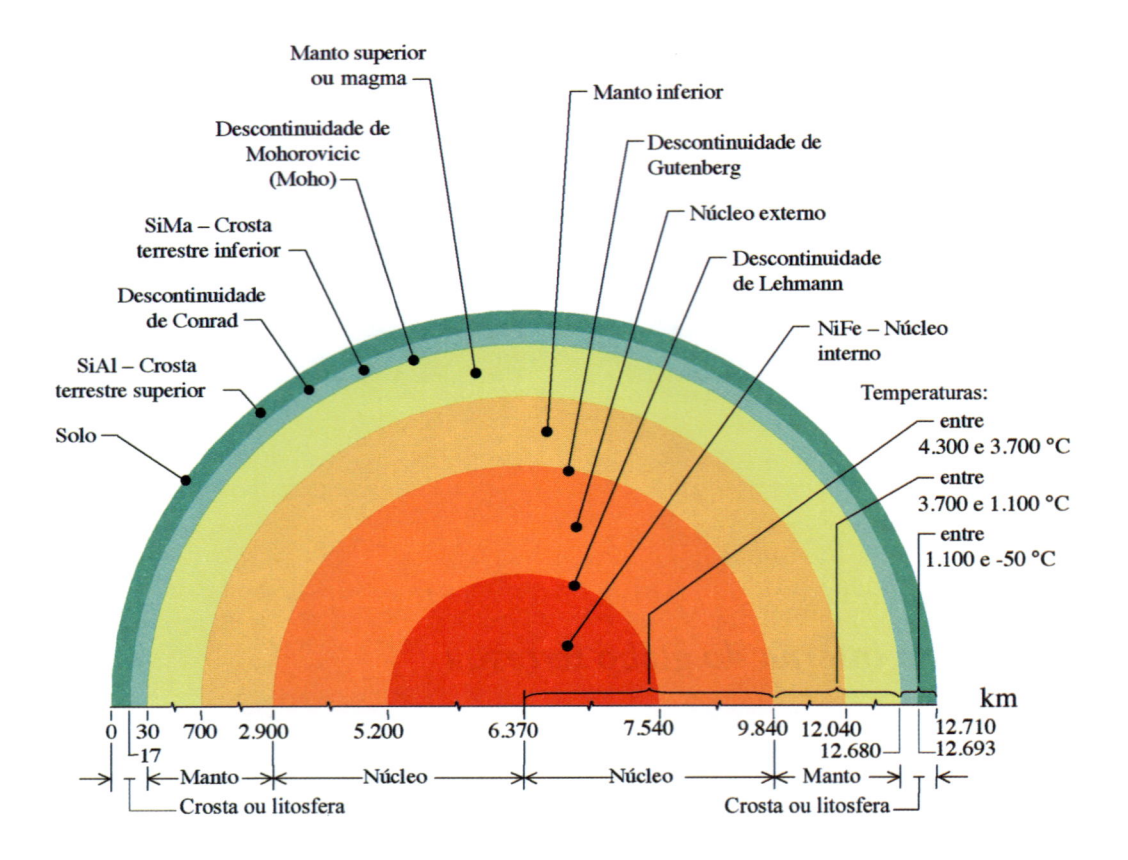

A segunda grande camada que compõe a Terra, o **manto**, vai da profundidade de 30 km até 2.900 km, ocupando cerca de 80% do volume do planeta. O manto é constituído de rochas formadas principalmente por sais e óxidos de silício, alumínio, magnésio e ferro. A parte superior, ou **manto superior**, vai até a profundidade de 700 km; é de grande importância porque o equilíbrio entre as elevadas pressões e as temperaturas muito altas (1.100 a 1.300 °C) causa a fusão das rochas, gerando um meio muito viscoso conhecido como **magma**. Nesse meio, desenvolvem-se correntes de convecção que movimentam as **placas tectônicas** nele flutuantes. Essas placas emergem ou submergem muito lentamente, deslocando-se também horizontalmente em torno do eixo da Terra, na velocidade de 1 a 20 cm/ano. O **tectonismo** está relacionado aos processos de deformação da crosta terrestre pela formação dos continentes, baías oceânicas, platôs, montanhas, dobras e demais mudanças de forma e relevo, decorrentes das forças do interior da Terra. O **manto inferior** é rígido e tem a profundidade máxima de 2.900 km; é separado do núcleo pela **descontinuidade de Gutenberg**.

A terceira camada forma o centro da Terra. É o **núcleo**, composto de uma camada superior (**núcleo externo**), com profundidade entre 2.900 e 5.200 km, e um **núcleo interno**, que inclui o centro da Terra, a 6.370 km. O núcleo interno contém metais fundidos, em grande parte ferro e também enxofre; sua temperatura é em torno de 3.700 °C e está submetido a pressões de milhares de atmosferas. A movimentação da massa líquida gera correntes elétricas e campo magnético. O núcleo externo é separado da massa central, sólida (núcleo interno), a 5.200 km pela **descontinuidade de Lehmann**. No núcleo interno encontra-se o material mais denso, consistindo de níquel e ferro, abreviado **NiFe**, sujeito a altíssimas pressões que impedem a sua fusão, embora a temperatura seja muito elevada, da ordem de 4.300 °C.

Em 1912, o geofísico prussiano A. Wegener propôs a **Teoria da deriva continental**, que admitia ter ocorrido substancial modificação da distribuição de terras e águas do planeta, ao longo das eras e períodos geológicos (**Quadro 2.1**), até a situação atual. Assim, há 200 milhões de anos — no período jurássico — teria existido um supercontinente a que deu o nome de **Pangeia** (do grego, significando "terra toda"), cercado por um vasto oceano, que denominou **Pantálassa** (do grego, com o significado de "mar todo"). Esse bloco continental já teria sofrido processos de formação de montanhas. Wegener calculava que, há 180 milhões de anos, a Pangeia tivesse se fragmentado, gerando dois grandes continentes: a **Laurásia**, situada acima da linha do Equador, reunindo a Ásia Central, a Europa e a América do Norte, e a **Gondwana**, compreendendo a América do Sul, a África, a península Arábica, a parte peninsular da Índia, a Austrália e a Antártica. Entre esses dois continentes haveria um braço de mar, que chamou de **Thetis**, deusa das águas na mitologia grega. Na passagem do triássico para o jurássico, rompeu-se em forma de um Y no fundo do mar, separando a Gondwana em três blocos: o subcontinente Indiano, a Austrália/Antártica e Sul da África/América do Sul. No fim do jurássico, o Atlântico Norte começou a formar-se com a separação da Laurásia em América do Norte e Eurásia. No cretáceo inferior, o Atlântico Sul se formou ao se separar a África da América do Sul. No cretáceo superior, a ruptura do bloco América do Norte/Eurásia consolidou a formação do Oceano Atlântico.

Finalmente, no terciário, ocorreu a ligação das duas Américas; da colisão do subcontinente indiano com a Ásia, resultou a formação da cadeia do Himalaia; a coli-

Quadro 2.1 Eras e períodos geológicos		
Era geológica	Período geológico	Anos passados (milhão)
Proterozoica	Azoico	Mais de 4.000
	Pré-cambriano	4.000
Paleozoica	Cambriano	570
	Ordoviciano	505
	Siluriano	438
	Devoniano	408
	Carbonífero	360
	Permiano	286
Mesozoica	Triássico	245
	Jurássico	208
	Cretáceo	144
Cenozoica	Terciário	66
	Quaternário	1,6

Fonte: *Grande Atlas Universal Ilustrado*, Rio de Janeiro, Reader's Digest Brasil, 1999.

são entre a África e a Eurásia determinou a formação de cadeias continentais, como os Alpes, os Pirineus e as Montanhas Rochosas, e de cadeias oceânicas, onde surgiram arquipélagos, como o Havaí e os Açores, montanhas e vulcões, como o Vesúvio, o Stromboli e o Santa Helena. Os Alpes são uma cadeia de montanhas formada no final do mesozoico e início do cenozoico (terciário), resultante de orogênese. Ocupa uma área de 200.000 km² na porção centro-meridional do continente europeu. A teoria da movimentação das placas explicaria a forma atual dos continentes, e suas dimensões se encontram no **Quadro 2.2**.

Os limites entre as placas podem ser **divergentes**, criando fundo oceânico, ou **convergentes**, colidindo e formando montanhas continentais ou fechando mares. Quando a placa rígida da litosfera sofre uma ruptura, o material rochoso da camada inferior, que está submetido a pressões e temperaturas altíssimas, tende a escapar, extravasando (**vulcanismo**), ou fica retido em canais magmáticos, dentro da crosta (**plutonismo**). A ruptura da rocha origina uma falha geológica, fazendo surgir o **terremoto** ou **tremor de terra**, que é um abalo repentino da crosta terrestre, seguido de grandes tremores; ocorre com frequência nas bordas das placas tectônicas. O choque ou a série de choques espalham-se de um **epicentro**, em que parte da energia acumulada é liberada sob a forma de ondas sísmicas, elásticas, que se propagam em todas as direções, fazendo o terreno vibrar intensamente. Esses movimentos sísmicos podem ser percebidos diretamente pelas pessoas ou por instrumentos chamados **sismógrafos**.

A energia liberada por um terremoto é medida pela **escala de Richter**, que segue uma progressão logarítmica sem valores extremos. O zero da escala de Richter equivale, aproximadamente, ao choque produzido por um homem de estatura normal que salte do alto de uma mesa. Os terremotos mais violentos já registrados são de grau 8; acredita-se que o terremoto de Lisboa de 1755, sem registro, tenha sido de grau 9. Foi registrado no Chile, em 1960, um forte terremoto que atingiu 9,5 graus na escala. O **Quadro 2.3** mostra a escala de Richter e seus efeitos.

A crosta terrestre e a parte superior do manto são uma camada rígida com 350 km de espessura, chamada **litosfera**, constituída pelas placas tectônicas ou litosféricas que, como um mosaico, formam a superfície do globo. Essas placas eram original-

Quadro 2.2 Distribuição das superfícies dos continentes			
Nº	Continente	Superfície (mil km²)	Percentual (%)
1	Ásia	43.757	29,2
2	América	42.186	28,1
3	África	30.260	20,2
4	Antártica	14.245	9,5
5	Europa	10.488	7,0
6	Oceania	8.970	6,0

Fonte: D. Michalany – *Novo Atlas Geográfico Universal*. São Paulo, Gráfica-Editora Michalany, 1989.

Quadro 2.3 Escala de Richter para terremotos e seus efeitos		
Grau	Energia (Joule*)	Efeito
0 - 0,9	8×10^2	Imperceptível
1 - 1,9	6×10^4	Tremor detectado apenas por sismógrafos
2 - 2,9	4×10^6	Oscilação de objetos suspensos
3 - 3,9	$2,5 \times 10^8$	Vibração semelhante à passagem de um caminhão
4 - 4,9	$1,3 \times 10^{10}$	Vidros quebrados, queda de pequenos objetos
5 - 5,9	6×10^{11}	Deslocamento de móveis, fendas nas paredes
6 - 6,9	$2,5 \times 10^{13}$	Danos nas construções, destruição das casas mais fracas
7 - 7,9	1×10^{15}	Danos maiores, fissuras no subsolo, ruptura de canos
8 - 8,9	4×10^{16}	Pontes destruídas, desabamento da maioria das construções
9 ou mais	$1,2 \times 10^{18}$	Destruição quase total das construções, tremor de terra visível a olho nu

*Medida de energia ou de trabalho equivalente a 0,101972 quilograma-força métrico.
Fonte: *Almanaque Abril*, Editora Abril. São Paulo, 1990; jornal *O Globo*, seção *Ciência e Vida*, p. 25, 25/2/2004.

mente encaixadas entre si, mantendo a forma de seus litorais. Apresentavam características geológicas e paleontológicas que revelavam a continuidade dos continentes, como se vê na **Figura 2.2**. Embora bastante numerosas, as placas principais são dez: Placa Africana, Placa Arábica, Placa Sul-Americana, Placa Australiana, Placa Indiana, Placa Antártica, Placa Pacífica, Placa Filipina, Placa Norte-Americana e Placa Eurasiana. Essas placas se deslocam muito lentamente, porém de modo contínuo. Colidem umas com as outras a uma velocidade variável. Na região onde se chocam ou atritam, crescem as forças de deformação das rochas e periodicamente acontecem os grandes terremotos. Justamente nos limites das placas tectônicas, ao longo de faixas estreitas e contínuas, é que se concentra a maior atividade sísmica do planeta. O **Círculo do Fogo** – na verdade, deveria ser chamado de Elipse do Fogo – beira a costa oeste das Américas e a costa leste da Ásia, constitui uma evidência dessa correlação, conforme se observa na **Figura 2.3**. O aspecto atual da superfície terrestre do globo, resultante do progressivo deslocamento das placas tectônicas, é mostrado na **Figura 2.4**.

Existem terremotos que não são devidos a movimentos das placas, mas a ajustes no seu interior. **Deslocamento de solo** é um tipo de movimento de massa, muito lento e descendente e envolve fragmentos de rocha e solo, sob a influência da gravidade. É menos frequente e menos intenso e está relacionado à reativação de falhas ou rupturas muito antigas na crosta. Muitas vezes, esses deslocamentos são referidos como **acomodações do terreno**. Exemplos recentes são os ocorridos em Câmara (RN).

Abaixo da litosfera e como parte do manto superior, situa-se a **astenosfera**; suas condições de temperatura e pressão muito elevadas permitem a lenta mobilidade das placas tectônicas. É próximo às bordas das placas que o magma, existente no

Figura 2.2
Principais placas tec-
tônicas da Terra.

1. Placa Africana
2. Placa Arábica
3. Placa Sul-Ameri-
   cana
4. Placa Australiana
5. Placa Indiana
6. Placa Antártica
7. Placa Pacífica
8. Placa Filipina
9. Placa Norte-Ame-
   ricana
10. Placa Eurasiana

Fonte: Adaptado de
http://www.obsis.
unb.br, acessado em
janeiro, 2004;
http://www.iag.usp.
br/siae 98, acessa-
do em dezembro de
2004.

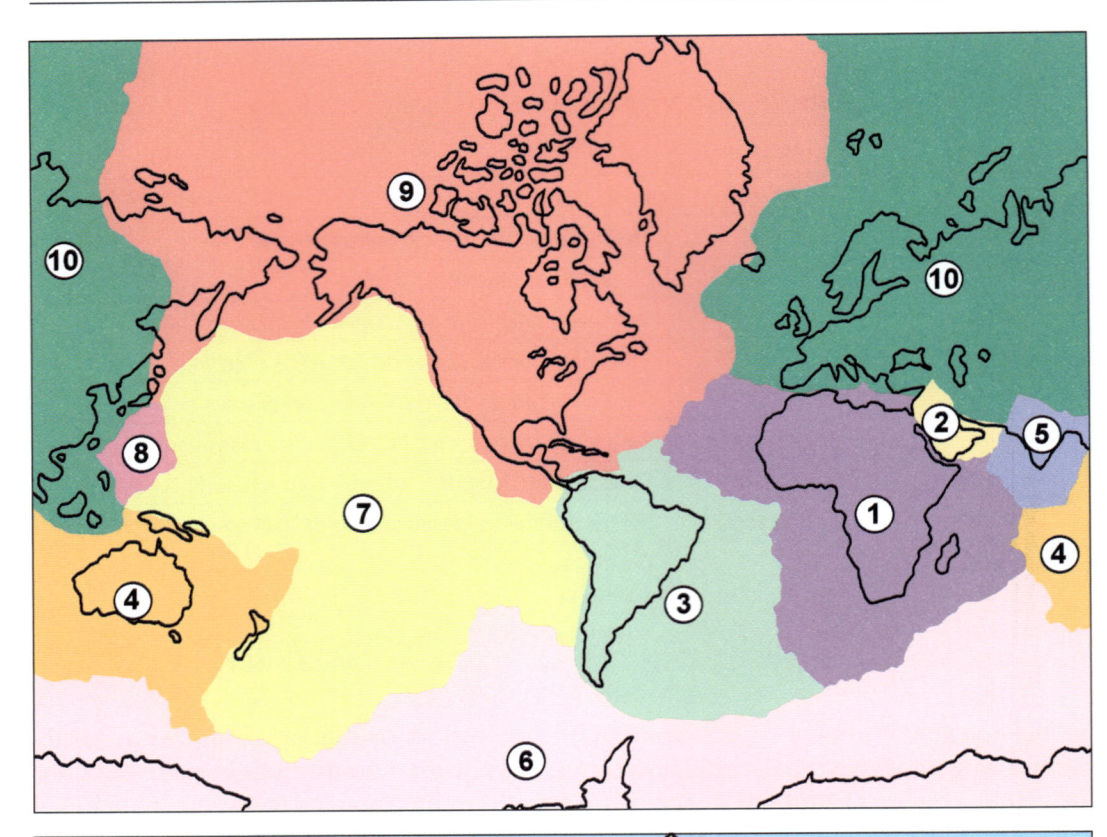

Figura 2.3
Círculo do Fogo.
Fonte: Adaptado de
V.R. Bochicchio –
Atlas Mundo Atual.
São Paulo,
Atual Editora, 2003;
D.W. Connel,
D.W. Hawker,
M.S.J. Warne &
P.P. Vowles — *Basic
Concepts of Environ-
mental Chemistry*.
Nova York. Lewis
Publishers, 1997.

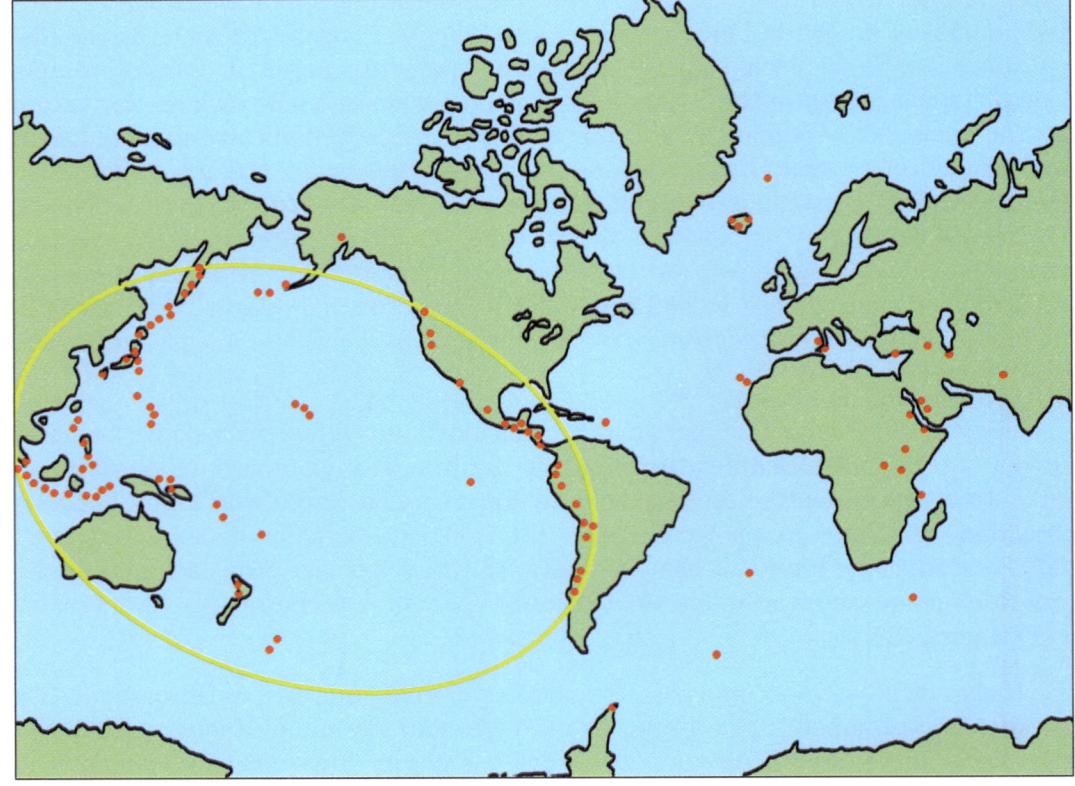

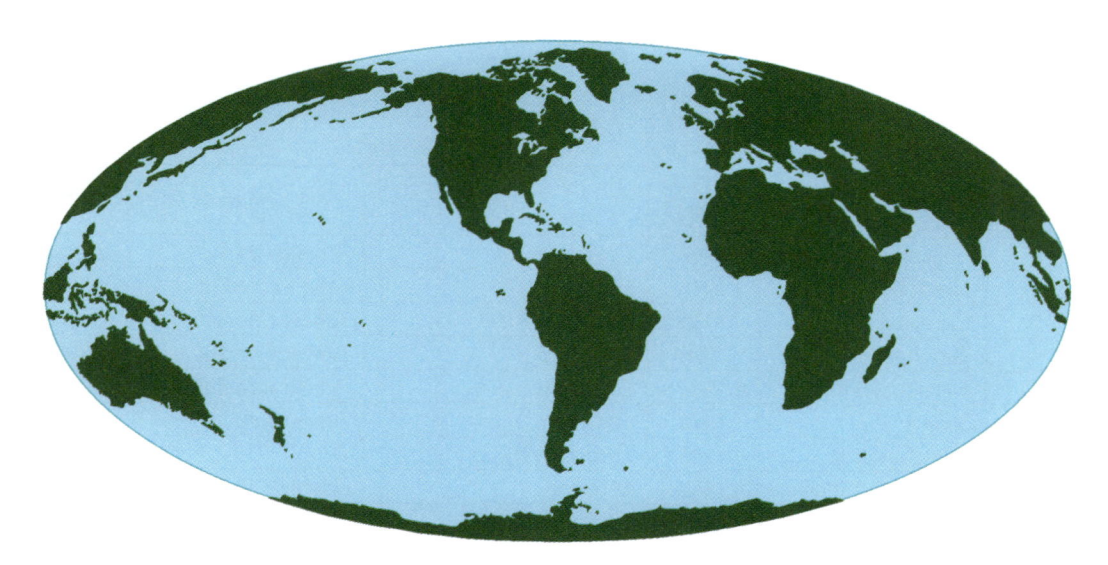

Figura 2.4
Aspecto atual da superfície terrestre do planeta.
Fonte: Adaptado de jornal *O Globo*, seção *Ciência e Vida*, p. 23,19/1/2004.

topo da astenosfera, ascende à superfície e extravasa ao longo de fissuras ou canais, formando os vulcões.

Vulcão é uma abertura ou chaminé existente na crosta terrestre por onde irrompe a rocha liquefeita, o magma. Costuma ser cônico, mas pode se apresentar como uma fenda na superfície da Terra ou um buraco numa montanha. O magma é composto de outros materiais, como gases, vapores e fragmentos de rocha, ou fragmentos piroclásticos, isto é, sedimentos de vários tamanhos originários das atividades vulcânicas explosivas. Em geral, ocorre em bordas destrutivas ou construtivas das placas tectônicas. Às vezes, o vulcão se situa no centro de uma placa tectônica, em vez de, como é mais comum, nas bordas; acredita-se que, nesse caso, o vulcão tenha sido formado por uma zona de tensão. Os maiores vulcões estão relacionados no **Quadro 2.4**. É interessante observar que os seis maiores vulcões do mundo estão na América do Sul.

A litosfera tem cerca de 70 km de espessura; é uma camada rígida e suporta os continentes e os oceanos. É na litosfera que ocorre o tectonismo. A litosfera se sobrepõe e flutua sobre a astenosfera, que representa uma zona de fragilidade, composta de um material mais quente e denso, parcialmente fundido, onde as ondas sísmicas, isto é, provenientes de terremotos, estão mais atenuadas do que em qualquer outra parte do globo. A astenosfera é uma camada muito viscosa, com cerca de 200 km de espessura, onde se geram as correntes de convecção, as quais originam o deslocamento das placas tectônicas.

Quadro 2.4 Maiores vulcões da Terra					
Nº	Nome	Última erupção (ano)	Localização		Altura (m)
			País	Continente	
1	Gallatiri	1987	Chile	América do Sul	6.060
2	Lascar	1986	Chile	América do Sul	5.990
3	Cotopaxi	1975	Equador	América do Sul	5.896
4	Tupungatito	1986	Chile	América do Sul	5.640
5	Nevado del Ruiz	1985	Colômbia	América do Sul	5.400
6	Sangay	1976	Equador	América do Sul	5.325
7	Kliutchevskaia	1985	Federação Russa	Ásia	4.917
8	Guagua Pichincha	1982	Equador	América do Sul	4.784
9	Purare	1977	Colômbia	América do Sul	4.700
10	Colima	1987	México	América do Norte	4.268
11	Mauna Loa	1987	Havaí (EUA)	América do Norte	4.169
12	Monte Camarões	1982	República de Camarões	África	4.069
13	Acatenango	1972	Guatemala	América Central	3.960
14	Fuego	1988	Guatemala	América Central	3.855
15	Kerintji	1987	Indonésia	Ásia	3.800
16	Erebus	1988	Ilha de Ross	Antártica	3.795
17	Santa Maria	1988	Guatemala	América Central	3.768
18	Rindjani	1966	Indonésia	Ásia	3.725
19	Semeru	1988	Indonésia	Ásia	3.675
20	Niragongo	1982	Congo	África	3.470
21	Irazu	1987	Costa Rica	América Central	3.432
22	Slamat	1967	Indonésia	Ásia	3.428
23	Raung	1982	Indonésia	Ásia	3.332
24	Etna	1989	Itália	Europa	3.274

Fonte: *Almanaque Abril*. São Paulo, Editora Abril, 1990.

A superfície terrestre

A crosta terrestre se estende por cerca de 30% da superfície do planeta. Pelos dados constantes do **Quadro 2.5**, pode-se verificar que metade da massa sólida da crosta terrestre seca é constituída por oxigênio, como parte integrante das moléculas de óxidos e de sais, tais como sílica, carbonatos e sulfatos, e que 72% das rochas conhecidas são silicatos aluminosos. Quase toda essa massa é formada principalmente por oito elementos: oxigênio, silício, alumínio, ferro, cálcio, sódio, potássio e magnésio. Outros elementos químicos presentes em menor escala na crosta terrestre são: hidrogênio, titânio, flúor, cloro, carbono, enxofre, fósforo, bário e manganês.

Na crosta terrestre estão distribuídos os 193 países que compõem o mundo político do início do século XXI. É interessante observar que não há correlação direta entre os maiores países em extensão territorial (**Quadro 2.6**) e os maiores países

Quadro 2.5
Abundância relativa dos elementos encontrados na parte superior da crosta terrestre seca

Componente		Teor (% p/p)
Nome	Símbolo	
Oxigênio	O	50,0
Silício	Si	26,0
Alumínio	Al	7,3
Ferro	Fe	4,2
Cálcio	Ca	3,2
Sódio	Na	2,4
Potássio	K	2,3
Magnésio	Mg	2,1
Hidrogênio	H	0,4
Titânio	Ti	0,4
Flúor	F	0,3
Cloro	Cl	0,2
Carbono	C	0,2
Enxofre	S	0,1
Fósforo	P	0,1
Bário	Ba	0,1
Manganês	Mn	0,1
Outros	-	0,6
Total		100,0

Fonte: R.B. Seymour & C.E. Carraher, Jr. – *Polymer Chemistry*, Nova York, Marcel Dekker, 1988.

Quadro 2.6
Maiores países do mundo em extensão territorial

Nº	País	Continente	Área (km^2)
1	Federação Russa	Europa/Ásia	17.075.400
2	Canadá	América do Norte	9.970.610
3	China	Ásia	9.536.499
4	Estados Unidos	América do Norte	9.372.614
5	Brasil	América do Sul	8.547.403
6	Austrália	Oceania	7.682.300
7	Índia	Ásia	3.287.782
8	Argentina	América do Sul	2.780.092
9	Casaquistão	Ásia	2.717.300
10	Sudão	África	2.505.813

Fonte: *Almanaque Abril*. São Paulo, Editora Abril, 2003.

em população (**Quadro 2.7**). A única coerência entre esses dois dados é justamente encontrada no Brasil, que é o quinto maior país do mundo tanto em extensão territorial quanto em população. Isso demonstra o potencial de importância a que o Brasil faz jus, comparado aos demais países do mundo.

O relevo da crosta terrestre, considerando as maiores alturas acima do nível do mar e as maiores profundidades do solo oceânico, pode ser observado pelos dados constantes dos **Quadros 2.8** e **2.9**, respectivamente, nos quais foram incluídos apenas os pontos mais pronunciados. Verifica-se a correlação entre o maior relevo e as regiões de alta atividade vulcânica.

O Himalaia, a mais alta cadeia de montanhas do mundo, atinge seu ponto culminante no monte Everest, o mais elevado da Terra. Na Ásia encontram-se os quinze maiores picos do planeta. Os picos mais altos da Europa situam-se nos Urais, uma cadeia de montanhas localizada na Federação Russa, que separa a Europa da Ásia. Vale ressaltar que os vulcões mais altos estão presentes na América do Sul, enquanto que as montanhas mais elevadas são encontradas na Europa e na Ásia.

Além disso, verifica-se ainda que a maior massa de terra contínua se encontra no Hemisfério Norte, a altas latitudes, enquanto que no Hemisfério Sul a extremidade meridional dos continentes é sempre afilada, com menor massa. Talvez seja essa a razão da existência da Antártica, em contraposição à inexistência de um correspondente continente ártico.

Quadro 2.7 Maiores países do mundo em população			
Nº	País	Continente	População (milhões de habitantes)
1	China	Ásia	1.294,4
2	Índia	Ásia	1.041,1
3	Estados Unidos	América do Norte	288,5
4	Indonésia	Ásia	217,5
5	Brasil	América do Sul	174,7
6	Paquistão	Ásia	148,7
7	Federação Russa	Europa/Ásia	143,8
8	Bangladesh	Ásia	143,4
9	Japão	Ásia	127,5
10	Nigéria	África	120,0

Fonte: *Almanaque Abril*. São Paulo. Editora Abril, 2003.

	Quadro 2.8 — Pontos mais altos do mundo			
N°	Nome	Continente	Lugar	Altura (m)
1	Monte Everest	Ásia	Nepal/China	8.848
2	Pico K-2		Paquistão/China	8.611
3	Kanghenjunga		Nepal/Índia	8.597
4	Lhotse		Nepal/China	8.501
5	Makalu		Nepal/China	8.443
1	Pico Aconcágua	América do Sul	Argentina/Chile	7.010
2	Ojos del Salado		Argentina/Chile	6.885
3	Bonete		Chile	6.872
4	Tupungato		Argentina/Chile	6.800
5	Falso Azufre		Argentina/Chile	6.790
1	Pico McKinley	América do Norte	Alasca, EUA	6.194
2	Logan		Canadá	6.050
3	Pico Norte		Alasca, EUA	5.904
4	Orizaba		México	5.569
5	Saint Elias		Canadá/Alasca, EUA	5.486
1	Kibo	África	Tanzânia	6.010
2	Pico Kilimanjaro		Tanzânia	5.895
3	Quênia		Quênia	5.195
4	Ruenzori		Uganda	5.118
1	Monte Elbrows	Europa	Federação Russa	5.641
2	Kasbek		Federação Russa	5.041
3	Monte Branco		França	4.807
4	Monte Rosa		Suíça	4.638
5	Weisshorn		Suíça	4.512
1	Maciço Vinson	Antártica	---	5.140
2	Markham		---	4.602
1	Puncakjaya	Oceania	Papua-Nova Guiné	5.030
2	Monte Wilhelm		Papua-Nova Guiné	4.509
3	Victoria		Papua-Nova Guiné	4.074

Fonte: *Almanaque Abril*, São Paulo, Editora Abril, 1990.

		Ponto mais profundo		Profundidade* (m)
Quadro 2.9				
Pontos mais profundos do mundo em terra				
Nº	Continente	Nome	Lugar	
I	Ásia	Mar Morto	Israel/Jordânia	-397
2	África	Lago Assal	Etiópia	-156
3	América do Norte	Vale da Morte	Califórnia	-86
4	América do Sul	Península de Valdes	Argentina	-40
5	Europa	Mar Cáspio	Federação Russa	-28
6	Oceania	Lago Eyre	Austrália	-16

* Em relação ao nível do mar.
Fonte: *Almanaque Abril*. São Paulo, Editora Abril, 1990.

Bibliografia recomendada

- *Almanaque Abril, Editora Abril*, São Paulo (1990).
- *Almanaque Abril Mundo 2003*, Editora Abril, São Paulo (2003).
- Bochicchio, V.R. *Atlas Mundo Atual*, Atual Editora, São Paulo (2003).
- Connel, D.W., Hawker, D.W., Warne, M.S.J. & Vowles, P.P. *Basic Concepts of Environmental Chemistry*, Lewis Publishers, Boca Raton (1997).
- *Enciclopédia Mirador Internacional*, Encyclopaedia Britannica do Brasil Publicações Ltda, São Paulo, vol. 5, p. 1955 (1995).
- *Grande Atlas Universal Ilustrado*, Reader's Digest Brasil, Rio de Janeiro (1999).
- Michalany, D. *Novo Atlas Geográfico Universal*, Gráfica-Editora Michalany, São Paulo (1989).
- Jornal *O Globo*, 19/1/2004, p. 23.
- Jornal *O Globo*, 25/2/2004, p. 25.
- Seymour, R.B. & Carraher Jr., C.E. *Polymer Chemistry*, Marcel Dekker, Nova York (1988).
- http://www.igc.usp.br/geologia/a_terra.php, acessado em fevereiro, 2003.
- http:/domingos.home.sapo.pt/estrutura_4.html, acessado em abril, 2004.
- http://www.iag.usp.br/siae 98, acessado em dezembro, 2004.
- http://www.obsis.unb.br, acessado em janeiro, 2004.

O PLANETA E A ÁGUA

3

A água doce

A **água** é um composto químico cuja fórmula é H_2O, e suas características especiais de alta polaridade, congelamento a $0\ ^{o}C$ e densidade máxima a $4\ ^{o}C$ são de fundamental importância no equilíbrio natural do planeta. Quando a temperatura baixa a $0\ ^{o}C$ e se forma o gelo com a água doce, os sais são expelidos para o líquido aquoso, isto é, para a água-mãe. Em vez de afundar, o gelo flutua, constituindo um iceberg, do qual apenas 20% emergem acima do nível da água. A massa sólida, que contém bolhas de ar, forma uma camada que isola termicamente as águas salgadas, mais densas e mais profundas, impedindo que congelem. Há uma estratificação natural, que protege a vida aquática selvagem. A temperatura da superfície do oceano varia, em vista de a água ser agitada pelos ventos e aquecida pelas radiações solares, as quais não ultrapassam mais que oito metros de profundidade. No fundo, porém, a temperatura da água permanece a $4^{o}C$, em qualquer latitude do planeta.

Um pouco mais de 70% da superfície terrestre é ocupada por água, distribuída em oceanos, mares (**Quadro 3.1**), rios e lagos. De toda a água do mundo, 95,1% estão nos oceanos e mares, e apenas 4,9% são água doce. Dessa água doce, somente 0,2% se encontra em rios e lagos; 31,4% estão no estado sólido, sob a forma de neve e gelo, e os restantes 68,4% estão disponíveis como água subterrânea. Uma parte das águas da chuva que atinge a superfície do solo escoa rumo aos lagos e mares; outra parte atravessa a superfície e penetra no solo e no subsolo, indo integrar as águas subterrâneas, que compõem a reserva dos lençóis aquíferos.

Quadro 3.1						
Oceanos e mares						
Nº	Nome	Área (mil km²)	Percentual* (%)	Continente banhado	Profundidade (m)		
					Máxima	Média	Fossa abissal**
1	Oceano Pacífico	175.000	49	Ásia, Américas e Oceania	11.000	—	Fossa das Marianas
2	Oceano Atlântico	82.000	23	Américas, Europa e África	8.600	—	Fossa de Porto Rico
3	Oceano Índico	73.000	20	Ásia, África e Oceania	7.700	—	Fossa de Java
4	Oceano Glacial Ártico	14.000	4	—	5.400	—	Bacia da Eurásia
5	Oceano Glacial Antártico	14.000	4	Antártica	—	—	—
6	Mar das Antilhas	2.500	—	América Central	—	2.500	—
7	Mar Mediterrâneo	2.500	—	Europa e África	—	1.500	—
8	Mar do Sul da China	2.300	—	Ásia	—	1.500	—
9	Mar de Bering	2.300	—	América do Norte e Ásia	—	1.500	—
10	Golfo do México	1.600	—	América do Norte	—	1.600	—
11	Mar de Okhotsk	1.500	—	Ásia	—	1.000	—
12	Mar do Leste da China	1.200	—	Ásia	—	500	—
13	Mar do Japão	1.000	—	Ásia	—	1.700	—
14	Baía de Hudson	800	—	América do Norte	—	100	—
15	Mar do Norte	600	—	Europa	—	100	—
16	Mar Negro	500	—	Europa	—	1.200	—
17	Mar Vermelho	400	—	África e Ásia	—	500	—

*Em relação à superfície total da Terra.
**Fossa abissal é a região do oceano com profundidade superior a 1.000 m
Fonte: D. Michalany - *Novo Atlas Geográfico Universal*. São Paulo, Gráfica-Editora Michalany, 1989; Almanaque Abril, Editora Abril, São Paulo, 1990; http://www.sagan-gea.org/hojared/cagua.html, acessado em dezembro, 2004.

Lençol aquífero é o volume de água doce que preenche os vazios de uma determinada zona da crosta terrestre, dentro da qual a água circula, predominantemente no sentido transversal. O lençol aquífero, ou reservatório aquífero, ou lençol de água subterrâneo, recebe a mesma denominação da formação rochosa geológica que o contém. Assim, o aquífero de Botucatu é o conjunto de águas que preenchem os vazios da formação Botucatu, que é uma das unidades estratigráficas que constituem a bacia sedimentar do rio Paraná. Um lençol aquífero implica uma continuidade física das suas águas, em circulação dentro dos vazios de uma rocha permeável e porosa. A **superfície piezométrica** dos lençóis aquíferos é o lugar geométrico dos pontos onde a pressão da água de um lençol é igual à pressão atmosférica, podendo estar à superfície do solo.

O **lençol freático**, ou aquífero pouco profundo, é o primeiro a ser encontrado a partir da superfície do solo, cujos poros, cavidades e fendas contêm a água infiltrada. O lençol freático é o lençol acessível aos poços domésticos. O **artesianismo** é a tendência que tem um lençol cativo de se elevar, dentro de um poço, excedendo o teto das camadas ou formações que o contêm, independentemente de ter ou não pressão suficiente para jorrar.

A água subterrrânea é importante para o abastecimento público de muitas cidades. O **Aquífero Guarani**, que é o maior manancial de água doce subterrânea do mundo (reservas estimadas em 43 mil quilômetros cúbicos), ocupa uma área de 1,2 milhão de quilômetros quadrados; está localizado na região centro-leste da América do Sul, abrangendo Brasil (2/3 da área total), Argentina, Paraguai e Uruguai. É o principal manancial subterrâneo do Estado de São Paulo; abastece totalmente 47% dos seus municípios e parcialmente, 25%.

Além de São Paulo, o Aquífero Guarani se estende ainda pelos Estados de Goiás, Mato Grosso do Sul, Minas Gerais, Paraná, Santa Catarina e Rio Grande do Sul. O Brasil tem a maior reserva de água potável do mundo: possui 20% do volume total disponível na Terra, se consideradas as bacias fluviais do Amazonas, do São Francisco, do Paraná e do Paraguai, além do Aquífero Guarani.

Às vezes, a composição do solo junto aos lençóis freáticos permite que pequenas quantidades de alguns sais sejam dissolvidos, o que dá origem às águas minerais, classificadas e controladas pela legislação municipal. A composição, em mg/litro, de uma dessas águas comercializadas no país, é a seguinte: bário, 0,20; estrôncio, 0,02; cálcio, 16,40; magnésio, 8,34; potássio, 0,80; sódio, 1,20; bicarbonatos, 95,44; cloretos, 0,21; nitratos, 0,60.

A água salgada

Graças à sua polaridade, a água dissolve os sais minerais. As **águas dos oceanos** representam 97% dos ambientes aquosos e contêm cerca de 35 g/litro de sólidos dissolvidos, constituídos principalmente por cloreto de sódio; já nas águas dos rios, encontram-se apenas 100 mg/litro de componentes hidrossolúveis. A composição percentual média aproximada dos componentes sólidos dissolvidos nas águas dos oceanos e rios da Terra encontra-se no **Quadro 3.2**. É interessante observar que nos oceanos predominam os sais cloreto e sulfato de sódio e de magnésio, enquanto que, nos rios, a concentração maior é de carbonatos, sulfatos e cloretos de cálcio, sódio e magnésio; e, ainda, que só há silicatos e nitratos nos rios, enquanto boro, bromo, estrôncio e níquel estão presentes apenas nos oceanos.

É importante registrar que alguns metais pesados, muitas vezes em elevado estado de pureza, podem ser encontrados no fundo dos oceanos sob a forma de nódulos, cujas dimensões variam entre o tamanho de uma batata e o de uma abóbora. São abundantes no Oceano Pacífico, onde existem profundezas abissais de 11.000 metros. Cerca de 30% desses nódulos são manganês. No Oceano Atlântico, predomina o ferro. O **Quadro 3.3** apresenta uma relação de metais depositados como nódulos no fundo dos oceanos.

Correntes submarinas, formadas por tempestades, terremotos e atividades vulcânicas, criam desfiladeiros sob a água, espalhando os sedimentos aí depositados por grandes áreas do assoalho submarino; são elas chamadas **correntes de turbidez**.

Quadro 3.2
Composição percentual média dos componentes sólidos dissolvidos nas águas dos oceanos e dos rios da Terra

Componente		Teor (% p/v)	
Nome	Fórmula	Oceanos	Rios
Carbonato	CO_3^{-2}	0,4	35,2
Sulfato	SO_4^{-2}	7,7	12,1
Cloreto	Cl^{-1}	55,1	5,7
Nitrato	NO_3^{-1}	—	0,9
Cálcio	Ca^{+2}	1,2	20,4
Magnésio	Mg^{+2}	3,7	3,4
Sódio	Na^{+1}	30,6	5,8
Potássio	K^{+1}	1,1	2,1
Óxidos de ferro e alumínio	$(Fe, Al)_2O_3$	—	2,7
Dióxido de silício	SiO_2	—	11,7
Estrôncio, bromoeto, ácido bórico	Sr^{+2}, Br^{-1}, H_3BO_3	0,3	—
Níquel	Ni^{+2}	traços	—
Total		100,0	100,0

Fonte: *Enciclopédia Mirador Internacional*. São Paulo, Encyclopaedia Britannica do Brasil Publicações Ltda., vol. 11, p. 5.719, 1995.

Quadro 3.3
Metais encontrados como nódulos no fundo dos oceanos

Metal		Densidade	Ponto de fusão (°C)
Nome	Fórmula		
Ferro	Fe	7,87	1.535
Manganês	Mn	7,21	1.244
Cromo	Cr	7,18	1.857
Níquel	Ni	8,90	1.413
Molibdênio	Mo	10,22	2.617
Vanádio	V	6,11	1.890
Cobalto	Co	8,90	1.495
Cobre	Cu	8,96	1.083
Chumbo	Pb	11,35	327
Zinco	Zn	7,13	419
Alumínio	Al	2,70	660
Titânio	Ti	4,54	1.660

Fonte: P.M. Silva - *O desafio do mar*. Rio de Janeiro, Editora Sabiá, 1970.

Umas poucas vezes por século, ocorre um tipo especial de onda oceânica, gigantesca, com cerca de dez metros de altura e alto poder de destruição quando chega à praia. É chamada **tsunami**, é causada por terremoto, deslizamento de terra, vulcão submerso em atividade ou explosão de bomba atômica à superfície do mar. O maremoto pode avançar quilômetros pelo continente, causando devastação em seu caminho.

Um fenômeno importante que se observa nos oceanos é a **ressurgência**, que traz à superfície as águas frias do fundo dos oceanos, ricas em sais minerais, especialmente silicatos, nitratos e fosfatos. Os ventos costeiros constantes, que aumentam com a latitude em razão do movimento de rotação da Terra, empurram as águas rasas do litoral para dentro do oceano e provocam a sua reposição pelas águas profundas, que carregam consigo componentes fertilizantes e viabilizam a pesca industrial.

Bibliografia recomendada

- *Almanaque Abril*, Editora Abril, São Paulo (1990).
- Connel, D.W., Hawker, D. W., Warne, M.S.J. & Vowles, P.P. *Basic Concepts of Environmental Chemistry*, Lewis Publisher, Boca Raton (1997).
- *Enciclopédia Mirador Internacional*. Encyclopaedia Brittannica do Brasil Publicações Ltda., São Paulo, vol. 11, p. 5719 (1995).
- *Enciclopédia Mirador Internacional*. Encyclopaedia Britanica do Brasil Publicações Ltda, São Paulo, vol 13, p. 7219 (1995).
- Michalany, D. *Novo Atlas Geográfico Universal*, Gráfica-Editora Michalany, São Paulo (1989).
- Silva, P.M. *O desafio do mar*, Editora Sabiá, Rio de Janeiro (1970).
- http://www.sagan-gea.org/hojared/cagua.html, acessado em 30/1/2004.
- http://www.prof-leonardo.com, acessado em agosto, 2004.

4

O PLANETA E O AR

As camadas da atmosfera

A **atmosfera** é a massa gasosa que envolve o planeta. Ela é formada por diversas camadas superpostas, que se distinguem pela pressão, temperatura, composição química etc. Uma classificação moderna, que leva em conta conhecimentos recentes obtidos pela tecnologia espacial, divide a atmosfera em quatro camadas: a troposfera, a estratosfera, a mesosfera e a termosfera, separadas respectivamente pela tropopausa, a estratopausa e a mesopausa. O limite da última camada é chamado termopausa. A partir daí se estende a exosfera, que gradativamente se expande, integrando-se ao espaço sideral. A **Figura 4.1** representa essas camadas, com os parâmetros que as caracterizam.

A **troposfera** é a camada que fica em contato com a superfície terrestre. Tem espessura variável: cerca de 8 km nos polos e 20 km ao nível do Equador. Constitui 92% da massa total da atmosfera, é composta, principalmente, de cerca de 78% de nitrogênio e 21% de oxigênio e contém ainda quase 1% de dióxido de carbono e outros componentes. A sua composição média é vista no **Quadro 4.1**. A temperatura da troposfera varia na zona tropical, em valores médios, de 20 °C na superfície terrestre a –55 °C na parte mais elevada. Assim, a temperatura diminui conforme aumenta a altitude. Os valores também são muito variáveis conforme a latitude: por exemplo, para altitudes equivalentes, é sempre mais quente ao nível do Equador do que ao nível das calotas polares.

Figura 4.1
Camadas gasosas que
envolvem a Terra.

Fonte: Adaptado de
V.R. Bochicchio –
Atlas Mundo Atual.
São Paulo, Atual
Editora, 2003; D.W.
Connel, D.W. Ha-
wker, M.S.J. Warne
& P.P. Vowles – *Basic
Concepts of Environ-
mental Chemistry*.
Boca Raton, Lewis
Publishers, 1997.

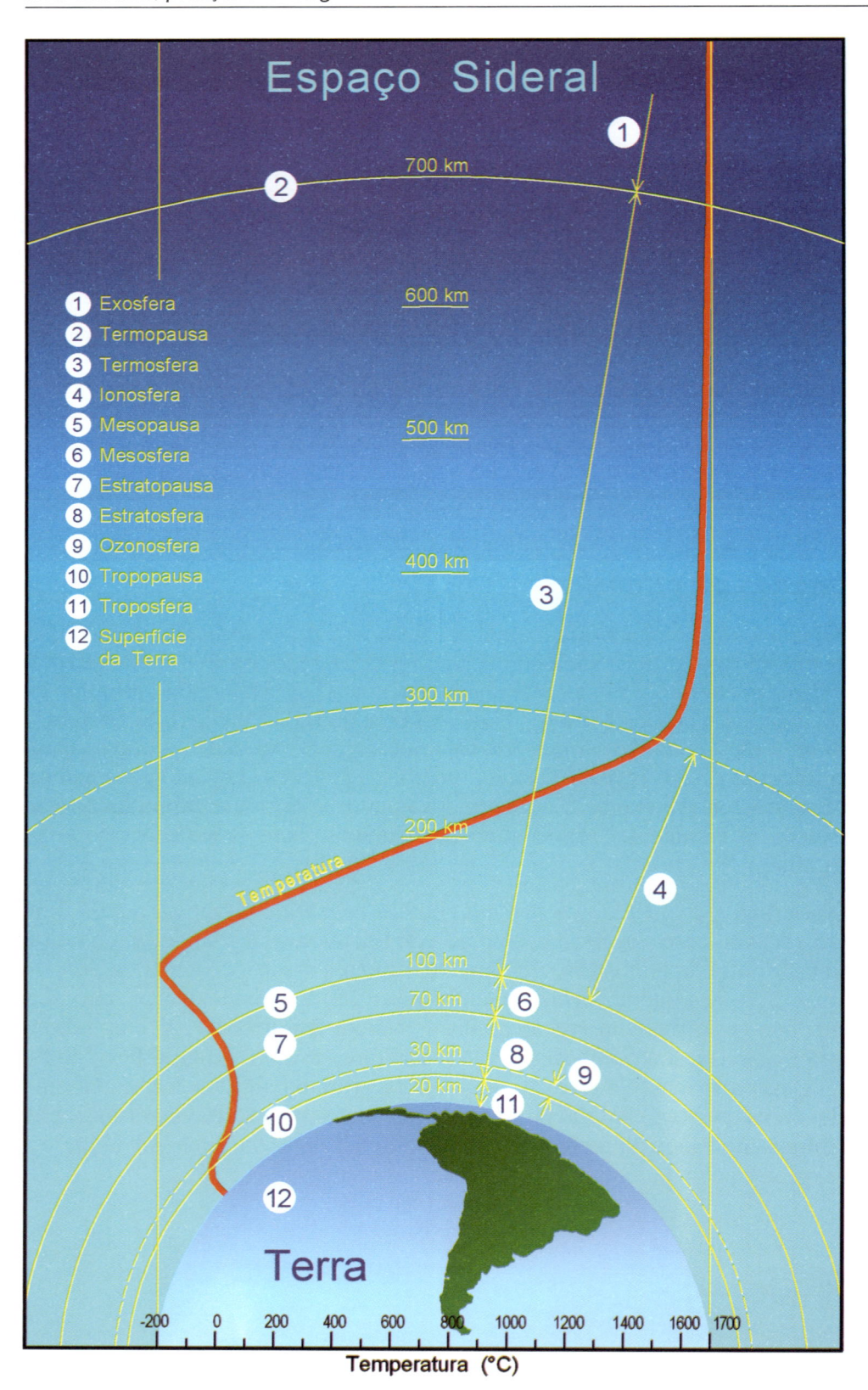

Quadro 4.1 **Composição média do ar atmosférico seco**			
Componente		Teor	
Nome	Fórmula	(% v/v)	(ppm v/v)
Nitrogênio	N_2	78,08	—
Oxigênio	O_2	20,94	—
Argônio	A	0,85	—
Dióxido de carbono	CO_2	0,03	—
Neônio	Ne	—	18,18
Hélio	He	—	5,24
Metano	CH_4	—	2,00
Criptônio	Kr	—	1,14
Hidrogênio	H_2	—	0,50
Óxido nitroso	N_2O	—	0,50
Xenônio	Xe	—	0,09
Outros	—	0,10	2,35
	Total	100,00	30,00

Fonte: R.C. Weast – *Handbook of Chemistry and Physics*. Cleveland, The Chemical Rubber Co., 1972.

A segunda camada gasosa que envolve a Terra é a **estratosfera**, que se estende da troposfera, 20 km de altitude ao nível do mar, até cerca de 70 km. O ar é rarefeito. A temperatura cresce acentuadamente com a altitude, até 50 °C, caindo depois a 0 °C. Tal aquecimento é causado pela absorção de raios solares pelos elementos químicos que compõem essa camada, da qual faz parte a importante camada de ozônio, chamada **ozonosfera**. O ozônio, O_3, é formado a partir do oxigênio molecular, O_2, entre as altitudes de 30 a 70 km, por efeito das radiações ultravioleta; porém, as maiores concentrações desse gás se encontram em altitudes menores, de 20 a 30 km, por ser a molécula de ozônio mais pesada do que a molécula de oxigênio. Como o ozônio absorve a maior parte dos raios UV, somente uma pequena parte dessa radiação atinge a superfície da Terra, onde pode afetar perigosamente a saúde. A estratosfera é separada da camada seguinte por uma faixa atmosférica chamada de **estratopausa.**

A terceira camada da atmosfera terrestre é denominada **mesosfera**, e vai de 70 a 100 km de altitude. A temperatura cai de 0 a –75 °C, em razão da redução sensível da absorção radioativa da estratosfera. **Mesopausa** é o intervalo atmosférico que separa a mesosfera da camada seguinte.

A **termosfera** é a última camada da atmosfera; atinge mais de 500 km de espessura. Tem início a 100 km e vai até 700 km de altitude. Entre 100 e 300 km encontra-se a ionosfera, com ar muito rarefeito. Dentro dessa subcamada, estão as faixas ionizadas, que refletem as ondas hertzianas, utilizadas em comunicações de rádio e televisão. A temperatura começa próximo de –70 °C e sobe vertiginosamente com a altitude, atingindo 1.500 °C. A termosfera é separada da exosfera pela região chamada **termopausa**. A pressão criada pela ação da gravidade sobre os gases que rodeiam a Terra é a **pressão atmosférica**, que varia com a altitude e a temperatura, conforme mostrado no **Quadro 4.2**. Além da atmosfera, acima de 700 km, existe a **exosfera**, com espessura estimada em 300 km, camada que precede o espaço sideral.

Quadro 4.2 **Variação da pressão atmosférica e da temperatura com a altitude no planeta Terra**[*]				
Altitude (km)	Pressão atmosférica (mmHg)	Temperatura (°C)	Zona	Limite
—	—	—	Espaço sideral	—
1.000	—	—	Exosfera	—
900	—	—		
800	—	—		
700	—	—	Termosfera	Termopausa
600	—	—		
500	—	—		
400	—	—		
300	—	—		
200	—	—		
160	0,000002	+ 297		
150	0,000003	+ 237		
140	0,000007	+ 177		
130	0,000015	+ 117		
120	0,000035	+ 57		
110	0,00012	− 3		
100	0,00042	− 33	Mesosfera	Mesopausa
90	0,0019	− 38		
80	0,010	− 83		
70	0,054	− 63	Estratosfera	Estratopausa
60	0,21	− 13		
50	0,75	− 3		
40	2,4	− 13		
30	9,5	− 38		
20	42	− 63	Troposfera	Tropopausa
10	210	− 43		
0	760	+ 17		

[*] Valores variáveis conforme a altitude e latitude do lugar, não referidos na fonte.
Fonte: R.C. Weast – *Handbook of Chemistry and Physics*. Cleveland, The Chemical Rubber Co., 1972.

É na troposfera que se observam os fenômenos meteorológicos. **Meteoro** é qualquer fenômeno que ocorre na atmosfera terrestre, como chuva, granizo, neve, vento, aurora boreal, relâmpago, arco-íris, estrela cadente etc. Uma faixa atmosférica, a tropopausa, separa a troposfera da camada seguinte. As nuvens, os aviões a jato, o Monte Everest, com seus 8.848 metros de altitude — o mais alto do mundo — se encontram na troposfera. Os balões meteorológicos alcançam a estratosfera. Os meteoritos e os foguetes espaciais atingem a mesosfera. As espaçonaves ascendem à termosfera. A aurora boreal tem origem na exosfera. Os satélites artificiais mais antigos, como o Sputnik (1957) e o Telstar (1962), atingiram a exosfera. Os mais modernos, como o Intelsat 5 (1984), o GPS* (1989), o Nooa 15 (1998) e o Landsat 7 (1999), alcançaram o espaço sideral. A Lua, a 390.000 km de distância média da Terra, está no espaço sideral, e foi visitada pelo homem (Neil Armstrong) pela primeira vez em 1969, na nave espacial Apollo 11.

O clima

Clima é o conjunto de condições meteorológicas características do estado médio da atmosfera em um ponto da superfície terrestre. O clima pode ser frio, glacial, continental, marítimo, desértico, árido, semiárido, quente, tropical, subtropical, temperado etc.

À medida que a altitude vai aumentando a partir do nível do mar, a temperatura da massa gasosa vai caindo de 0 a –100 °C, decrescendo 0,6 °C a cada 100 m de elevação, até atingir uma altitude crítica, que marca o limite da troposfera. Esses valores se referem ao ar seco, desconsiderando o teor de umidade, que é muito variável. O vapor de água é encontrado nas baixas camadas atmosféricas; chega a um máximo de 4% nas regiões tropicais, e seu teor mais elevado ocorre em locais de temperatura mais alta. É muito baixo nos desertos e regiões polares. Se todo o vapor de água contido na atmosfera em um determinado momento precipitasse sob a forma de chuva, uma camada de água de 2,5 cm de espessura cobriria todo o globo terrestre.

Há ainda na troposfera partículas sólidas, microscópicas, de natureza diversificada, conhecidas como **poeira**. São produtos orgânicos, como sementes, esporos, bactérias; e inorgânicos, como sais marinhos, fuligem, partículas cósmicas etc. As partículas inorgânicas contribuem para a formação de névoa seca, nuvens e precipitações, agindo como núcleos higroscópicos em torno dos quais ocorre a condensação do vapor de água. As pesquisas no campo da chuva artificial se baseiam nas propriedades higroscópicas de algumas partículas presentes no ar. A poeira, de um modo geral, intercepta parte da energia solar, havendo queda da temperatura média do globo terrestre por ocasião das grandes atividades vulcânicas e em função da poluição ambiental. As partículas de poeira existentes na atmosfera afetam a visibilidade e a cor dos crepúsculos solares no nascente e no poente.

Na presença de vapor de água e sob a ação dos raios solares, podem ocorrer reações químicas na superfície dos objetos feitos com produtos naturais ou sintéticos, quando descartados e expostos ao intemperismo. No caso de produtos poliméricos

* GPS, *Global Positioning System*, (Sistema de Posicionamento Global).

sintéticos, como os plásticos, de resistência química elevada, pode ocorrer a sua lenta degradação progressiva, de fora para dentro, provocando, no longo prazo, a fragmentação da peça. O Sol emite radiações eletromagnéticas distribuídas em amplo espectro, em que se destacam as radiações luminosas, isto é, luz visível e ultravioleta, e radiações caloríficas, isto é, radiações infravermelhas. As radiações luminosas têm comprimento de onda menor e maior energia, e atravessam facilmente a atmosfera, enquanto que as radiações caloríficas têm maior comprimento de onda e energia mais baixa, e são em boa parte absorvidas pelo vapor de água, dióxido de carbono e poeira.

A distribuição solar é desigual na Terra durante o ano, dando origem a três grandes **zonas térmicas** ou **climáticas**: zona tropical, zona temperada e zona glacial. A **zona tropical** é a faixa mais aquecida do planeta, compreendida entre os trópicos. As **zonas temperadas** possuem as quatro estações do ano bem definidas, pois localizam-se, ao Norte, entre o Trópico de Câncer e o Círculo Polar Ártico, e ao Sul, entre o Trópico de Capricórnio e o Círculo Polar Antártico. As **zonas glaciais** localizam-se no interior de cada Círculo Polar, tendo o Polo como centro. Ao Norte, situa-se a zona glacial ártica e, ao sul, a zona glacial antártica.

Uma região árida, de baixos índices pluviométricos, pouca vegetação e pouca vida animal, ambas adaptadas a condições de aridez, é denominado de deserto. Esse termo se aplica não só às regiões tropicais, como também às regiões áridas do interior continental temperado e aos desertos de gelo do Ártico e da Antártica.

Os ventos

Quando uma região se apresenta mais aquecida, irradia esse calor às camadas da atmosfera, que tendem a se expandir verticalmente, diminuindo a pressão atmosférica sobre essa área e formando uma zona de baixa pressão. Em regiões frias, ou de compressão atmosférica, o ar tende a se concentrar, aumentando a pressão sobre a área e originando uma zona de alta pressão. Nas zonas de baixa pressão, o ar em ascensão é substituído pelo ar das zonas de alta pressão, dando origem aos ventos. Assim, o **vento** é o deslocamento horizontal do ar atmosférico, dentro da troposfera. Correntes de vento são movimentos de ar verticais, originados na troposfera, em altitudes acima de 12.000 metros. Costumam soprar com mais força no inverno.

A intensidade do vento é registrada em **anemômetros**; é usualmente medida na **escala de Beaufort**, que registra variações de zero a 12 graus e caracteriza os tipos de vento (**Quadro 4.3**). A velocidade aumenta com a altitude, em razão da perda produzida pelo atrito do ar com o relevo da Terra. O fluxo de ar próximo à superfície não é contínuo, é um movimento em rajadas que se sucedem entre pausas em que a intensidade cai. Essas rajadas sucessivas constituem a **turbulência**, que cresce com a velocidade do vento e é, em parte, causada pelas irregularidades da superfície e pelo atrito. Origina-se, às vezes, em camadas mais altas da atmosfera, graças ao contato entre ventos de direções e/ou velocidades diferentes e ao consequente atrito.

Quadro 4.3
Avaliação da intensidade do vento pela Escala de Beaufort

Grau	Tipo de vento	Velocidade (km/h)	Efeito
Zero	Calmaria	0 – 1	Praticamente não se percebe o efeito do vento nas árvores.
1	Brisa	2 – 6	
2	Vento leve	7 – 12	
3	Vento fresco	13 – 18	O vento agita e derruba as folhas das árvores.
4	Vento moderado	19 – 26	
5	Vento regular	27 – 35	
6	Vento meio forte	36 – 44	
7	Vento forte	45 – 55	Os galhos das árvores se quebram; telhas e chaminés são arrancadas
8	Vento muito forte	56 – 66	
9	Ventania	67 – 77	
10	Vendaval	78 – 90	
11	Tempestade	91 – 104	
12	Furacão ou tufão	105 – ...	As árvores são arrancadas; prédios e casas sofrem vários danos.

Fonte: *Enciclopédia Mirador Internacional*. São Paulo, Encyclopaedia Britannica do Brasil Publicações Ltda., vol. 14, p. 7520, 1995; jornal O Globo, seção O País, p. 14, 30/3/2004.

Um **tornado** se forma no interior de uma grande nuvem de tempestade onde correntes em turbilhão sobem e descem. À medida que a espiral desce, o tornado afunila, o que intensifica a velocidade do ar em rotação, que pode atingir 480 km/h.

As tempestades tropicais mais fortes, de amplas dimensões, são conhecidas por diversos nomes, dependendo dos locais atingidos. Sobre o Oceano Atlântico, são chamadas **furacões**; sobre o Oceano Pacífico, **tufões**; sobre o Oceano Índico, **ciclones** e sobre a terra, são os **tornados**.

As tempestades se formam na época mais quente do ano, quando a temperatura da superfície dos mares chega a 27 °C. Em tais condições, o ar quente e úmido evapora da superfície das águas e sobe. Ao subir, esfria e sofre condensação, dando origem a nuvens enormes, precursoras de tempestade. Nas grandes altitudes, os ventos sugam o ar sob essas nuvens, favorecendo o desencadeamento da tempestade. Em razão da rotação da Terra, todo o sistema de fluxos entra em movimento, produzindo imensas espirais de nuvens. Os ventos mais violentos, que ultrapassam 120 km/h, concentram-se em volta do centro da espiral e determinam devastadores efeitos atmosféricos. O centro de uma tempestade tropical é uma região de pressão atmosférica muito baixa, o que provoca a subida do nível do mar. Assim, em um mar agitado por ondas de tempestade, ocorre o aumento da amplitude das marés.

Das regiões polares deslocam-se ventos fortes, variando de frescos a frios, na direção do Equador. Esse fenômeno é geralmente fraco nos meses quentes de verão, porém, no inverno, lufadas frias alcançam até latitudes médias. Esses ventos, que se movem em direção ao Equador, são defletidos para Oeste. O ar procura seguir o caminho das regiões de alta pressão para as regiões de baixa pressão. Quando essas regiões estão muito distantes, o deslocamento de ar sofre uma curvatura. Os ventos circulam em um dado sentido ao redor de um centro de baixa pressão e, no sentido contrário, ao redor de um centro de alta pressão. O motivo é o fato de, nas regiões de baixa pressão, os ventos estarem indo do centro para fora, enquanto que, nas regiões de alta pressão, ocorre o oposto. Furacões são centros de baixa pressão onde os ventos circulam com intensidade ao seu redor; são formados sobre o oceano, perto do Equador. À medida que estes centros vão se deslocando sobre as águas quentes do oceano, a água vai evaporando cada vez mais, formando mais nuvens e gerando ventos cada vez mais fortes.

No Brasil não ocorrem furacões porque, embora as águas do Oceano Atlântico no Nordeste sejam tépidas, acima de 27 °C, os centros de baixa pressão nunca se desenvolvem com a força de um furacão. Para que isso viesse a acontecer, seria necessário que os ventos no topo das nuvens, entre 12 e 15 km de altura, não fossem muito fortes. Mas sobre o Oceano Atlântico, ao sul do Equador, onde está situado o Brasil, esses ventos são muito fortes e não permitem que as nuvens se formem. Isso impede que os centros de baixa pressão se transformem em furacões.

Bibliografia recomendada

- Bochicchio, V.R. *Atlas Mundo Atual*, Atual Editora, São Paulo (2003).
- Connel, D.W., Hawker, D. W., Warne, M.S.J. & Vowles, P.P. *Basic Concepts of Environmental Chemistry*, Lewis Publisher, Boca Raton (1997).
- Digiacemo, J.C.C. *Metereologia Básica*, Escola Naval, Rio de Janeiro (1986).
- *Enciclopédia Mirador Internacional*. Encyclopaedia Britanica do Brasil Publicações Ltda., São Paulo, vol 14, p. 7520 (1995).
- *Enciclopédia Mirador Internacional*. Encyclopaedia Britanica do Brasil Publicações Ltda., São Paulo, vol 20, p. 11364 (1995).
- Jornal O Globo, 30/3/2004, p.14.
- Weast, R.C. *Handbook of Chemistry and physics*, The Chemical Rubber Co., Cleveland (1972).

A VIDA NA TERRA

5

A vida

Nos primórdios do planeta Terra, a ausência de oxigênio na atmosfera possibilitava a livre entrada dos raios ultravioleta, o que resultou na formação de aminoácidos e, daí, na matéria viva. Essa matéria viva, acumulada no oceano primitivo, foi que deu origem à clorofila, há cerca de 2,7 bilhões de anos. O surgimento da clorofila possibilitou a fotossíntese, que passou a produzir oxigênio na atmosfera. Por outro lado, na alta atmosfera, o oxigênio deu origem ao ozônio, que serviu como um escudo protetor contra os raios ultravioleta, possibilitando, dessa forma, o aparecimento de mais seres vivos. Há 65 milhões de anos, um grande meteoro colidiu com a Terra, acarretando a morte de muitos animais, especialmente os muito grandes, como os dinossauros. Vestígios do choque foram encontrados no *Yellowstone Park*, nos Estados Unidos.

Há 50.000 anos um grande meteorito de ferro e níquel, provavelmente originado do interior de um pequeno planeta, atingiu a planície rochosa do norte do Arizona, à velocidade de 60.000 km por hora e com uma força explosiva maior que 20 milhões de toneladas de trinitroglicerina. Esse meteorito, de aproximadamente 300.000 toneladas, deixou uma cratera de 200 km de profundidade e de mais de 1.200 km de diâmetro. Em 1902, um engenheiro de minas chamado Daniel Barringer explorou o local como fonte de ferro e, após inúmeras pesquisas e hipóteses fundamentadas em estudos geológicos, conseguiu provar à comunidade científica que a cratera era consequência de impacto de um meteorito, em vez de resultado de uma explosão de vapor superaquecido, causada por atividade vulcânica, bem longe da superfície. O meteorito sofreu total desintegração pela vaporização, fusão e fragmentação graças ao impacto com a terra, e a cratera foi criada pela explosão. O local ficou conhecido como **cratera do meteoro** ou **cratera do meteorito de Barringer**.

Pequenas partículas metálicas misturadas ao solo em torno da cratera foram identificadas como material solidificado condensado de uma nuvem de rochas e metal, vaporizados pelo impacto. A presença de uma forma de sílica, chamada **coesita**, na cratera reforçou a hipótese do impacto do meteoro, uma vez que a formação desse mineral requer pressões de pelo menos 20.000 atm e temperaturas de no mínimo 700 °C. Hoje a cratera tem 160 m de profundidade e o local foi utilizado pela Nasa para treinamento de astronautas da nave Apollo, em função da semelhança da superfície topográfica da cratera do meteoro com a da Lua e de outros planetas.

Os primeiros indícios da vida humana na Terra se basearam em dados antropológicos; modernamente, estudos de DNA nuclear e mitocondrial têm sido realizados, porém a história evolutiva da espécie *Homo sapiens*, ou homem moderno, ainda não está completamente esclarecida. O **Quadro 5.1** mostra alguns dados de aceitação generalizada quanto ao desenvolvimento dos modelos ancestrais até a fase do homem moderno. Deve-se observar o progressivo aumento do volume do cérebro à medida que ocorria a evolução.

O DNA

DNA é a abreviação da expressão inglesa *desoxyribonucleic acid*, **ácido desoxirribonucleico**, cuja estrutura foi determinada há 50 anos pelos cientistas J. Watson, norte-americano, e F. Crick, inglês. O DNA tem um papel duplamente importante: como responsável pela transferência das informações hereditárias e como direcionador da síntese das proteínas.

Quadro 5.1 Evolução das espécies até o homem moderno									
Nome vulgar	Gênero	Espécie	Família	Super-família	Grupo	Subordem	Ordem	Anos atrás	Cérebro (volume, cm^3)
Homem moderno	*Homo*	*Sapiens*	Homi-nídeos	Homi-noides	Catarrinos	Antro-poides	Primatas	40 mil	1.500
Homem de Cro-Magnon	*Homo*	*Sapiens*	Homi-nídeos	Homi-noides	Catarrinos	Antro-poides	Primatas	40 mil	1.500
Homem de Neandertal	*Homo*	*Neander-thalensis*	Homi-nídeos	Homi-noides	Catarrinos	Antro-poides	Primatas	100 mil	1.500
Homem de Java	*Homo*	*Erectus*	Homi-nídeos	Homi-noides	Catarrinos	Antro-poides	Primatas	1,8 milhão	800
Homem hábil	*Homo*	*Habilis*	Homi-nídeos	Homi-noides	Catarrinos	Antro-poides	Primatas	2 milhões	730
—	*Australo-pithecus*	*Africanus*	Homi-nídeos	Homi-noides	Catarrinos	Antro-poides	Primatas	3-2 milhões	460
Chimpanzé	*Pan*	*Troglo-dytes*	Panídeos	Homi-noides	Catarrinos	Antro-poides	Primatas	Atual	490
Gorila	*Gorilla*	*Gorilla*	Panídeos	Homi-noides	Catarrinos	Antro-poides	Primatas	Atual	490

Fonte: http://www.mnh.si.edu, acessado em abril, 2004.

O DNA é um biopolímero que apresenta uma cadeia dupla espiralada, em que cada cadeia é constituída por unidades de desoxirribose (pentose), interligadas por grupos fosfato, que são monossubstituídas por uma base nitrogenada, purínica ou pirimidínica, formando duas sequências de copolímero, enroladas de modo antiparalelo em torno do eixo central. Essas cadeias estão dispostas de maneira a situar a porção-base das moléculas nitrogenadas no interior da hélice, que mantêm as duas cadeias unidas em posicionamento específico por ligações hidrogênicas e caracterizam os segmentos da dupla hélice (**Figura 5.1**). O DNA pode ser considerado um copolímero de condensação de quatro **nucleotídeos** (os "monômeros"), que formam cada uma das duas cadeias principais da dupla hélice.

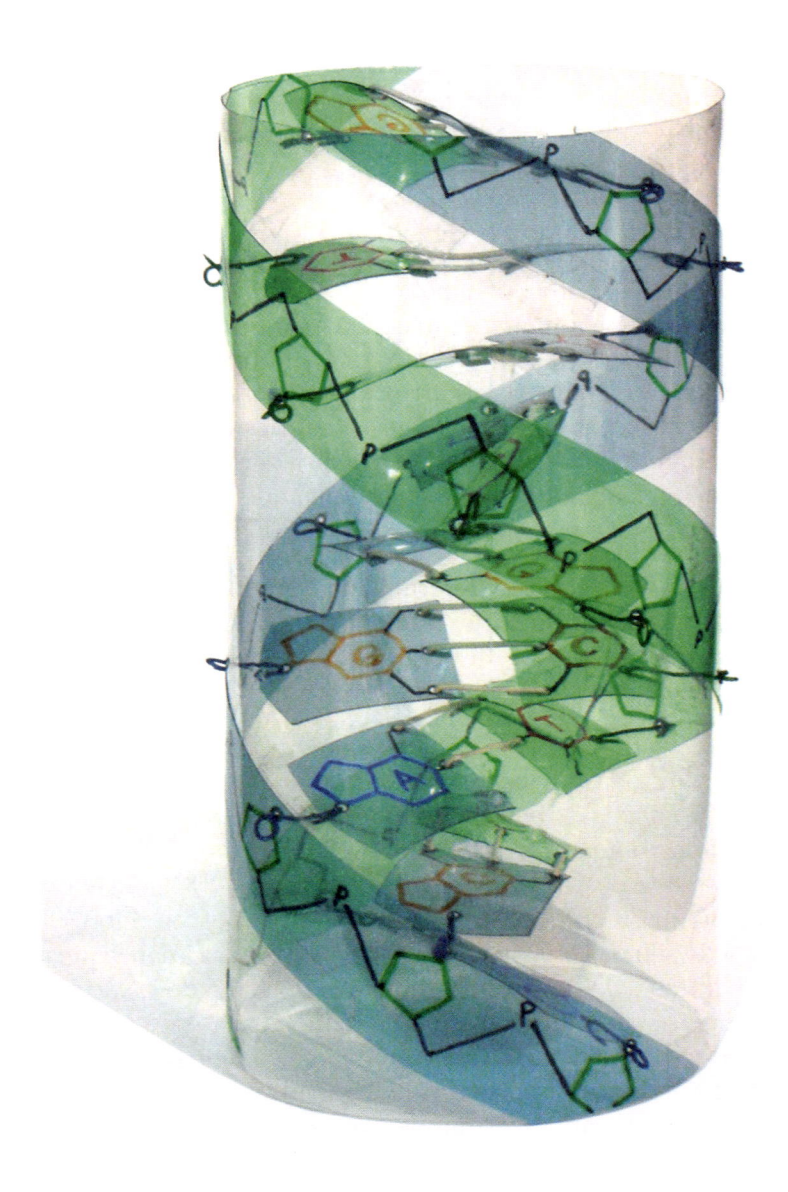

Figura 5.1
Representação simplificada da estrutura do DNA.

Fonte: D. Voet, J.G. Voet & C.W. Pratt – *Fundamentos de Bioquímica*. Porto Alegre, Artmed Editora, p.51, 2000; E.B.A.V. Pacheco, J.A. Pacheco & E.B. Mano *Modelo de DNA confeccionado em PET* (em publicação), 2005.

As bases nitrogenadas ou **nucleosídeos** podem ser derivadas da purina (de anel duplo: adenina, representada pela letra **A**, ou guanina, **G**) ou da pirimidina (de anel simples: citosina, **C**, ou timina, **T**), e estão representadas no **Quadro 5.2**. A presença de um resíduo de adenina sugere a presença de uma unidade timina, que está associada a ela; assim, elas se encontram em igual concentração. O mesmo ocorre com a citosina e a guanina. Essa distribuição é que permite a regularidade configuracional da dupla hélice.

A natureza química dessas bases e a sequência em que estão ligadas à cadeia principal constituem a característica da informação biológica, que será eficientemente decodificada e copiada com exatidão. Erros eventuais na duplicação do DNA podem dar à nova molécula um significado genético diferente, levando ao surgimento de outras características, e são denominados **mutações**.

O DNA está organizado sob a forma de **cromossomos**. O homem tem cerca de 100 trilhões de células; cada uma delas tem em seu núcleo 46 cromossomos; 46 é o **número diploide** da espécie humana; cada célula contém um conjunto completo de cromossomos, exceto as células sexuais (que só têm a metade) e as hemácias (que não têm nenhum). São 3,2 bilhões de "letras" de DNA, distribuídas em 46 cromossomos, sendo 22 pares XX ou XY, e ainda os cromossomos sexuais X e Y ou X e X.

Existe um cromossomo 47 no genoma humano: é o pequeno **cromossomo mitocondrial**. Em uma célula somática humana típica, há dois tipos de DNA: no núcleo (os 46 cromossomos nucleares) e nas mitocôndrias (1 cromossomo circular mitocondrial). As mitocôndrias são organelas encarregadas de fornecer a maior parte da energia necessária à atividade celular. Assim, há o genoma nuclear humano, com 46 cromossomos, e o genoma mitocondrial, com um cromossomo. O DNA mitocondrial é um marcador de grande confiabilidade na antropologia molecular para o estudo da evolução humana e dos fluxos migratórios.

As sequências funcionais de DNA que determinam a produção das proteínas necessárias à formação de cada parte do corpo humano, como se fossem "receitas" de proteínas, são os **genes**. O gene, ou fator hereditário, é um pedaço da imensa molécula de DNA de que é constituído o cromossomo.

O **genoma** humano é o conjunto de DNA humano que engloba os genes. É o código químico que contém todas as instruções para que exista um ser humano. É composto de cerca de 3,0 bilhões de bases ("letras") de DNA, contidas em 23 pares de cromossomos. O genoma humano tem 30 mil a 40 mil genes. Um pouco mais de 2% do genoma humano é composto de genes, e os restantes 98% são genoma-lixo, que têm importante papel na regulação do organismo. Uma pessoa difere de outra em pouco mais de 0,1% de seu material genético, o que equivale a apenas uma "letra" trocada para cada 500 "letras". O homem e o chimpanzé têm 98% do DNA idêntico. O homem tem 30 a 40 mil genes, número aproximadamente igual ao de genes de outros mamíferos. As plantas têm 25 mil genes; os camundongos, 30 mil; os vermes, 19 mil; as moscas, 13 mil; as bactérias, 2 mil. Assim, conclui-se que as instruções genéticas exclusivas contidas no genoma para fazer um determinado ser humano são ínfimas em relação ao total compartilhado com alguns outros seres vivos.

Quadro 5.2 Estrutura das bases nitrogenadas do DNA			
Origem	Unidade	Sigla	Estrutura molecular
Purina	Adenina	A	
Purina	Guanina	G	
Pirimidina	Citosina	C	
Pirimidina	Timina	T	

Fonte: D. Voet, J.G. Voet & C.W. Pratt – *Fundamentos de Bioquímica*. Porto Alegre, Artmed Editora, p. 43, 2000.

O genoma mitocondrial humano é constituído por um só cromossomo, que é uma molécula circular de DNA do tamanho de 16.569 pares de bases (oito mil vezes menor que o cromossomo médio). A maioria das células tem centenas de mitocôndrias, cada uma delas contando com várias moléculas de DNA. Atuam como centrais energéticas da célula e sintetizam DNA à custa dos combustíveis metabólicos, isto é, glicose, ácidos graxos e aminoácidos. Uma característica peculiar das mitocôndrias vem do fato de elas serem de origem materna, porque somente o óvulo leva mitocôndrias à célula original e, como as mitocôndrias têm DNA, sua informação vai passando às gerações seguintes exclusivamente pelas mulheres.

A seleção natural continua a dirigir a evolução dos organismos. Pequenas mutações, isto é, mudanças do material genético de um organismo, surgem aleatoriamente, porém são necessários mais de 3 mil anos de isolamento de um grupo humano geneticamente idêntico para que se possam encontrar modificações significativas em uma das estruturas de seu DNA, a ponto de criar uma marca distintiva, permanente, na sequência de genes dessa população. Esse efeito produziu na humanidade diferentes grupos étnicos, mas todos da mesma espécie, *Homo sapiens*.

A migração do Homo sapiens pelos continentes

Toda a atual humanidade descende de um pequeno grupo de homens e mulheres que viveram no nordeste da África há 150 mil anos. Daí migraram primeiramente para a Ásia (60 mil anos) e se ramificaram deslocando-se para a Europa (40 mil anos) e para Austrália (40 mil anos). O tronco principal prosseguiu para a China (60 mil anos), e daí para as Américas (35 a 15 mil anos), pelo Estreito de Bering. A **Figura 5.2** mostra a representação global dessa rota.

Por diversas vezes, a humanidade esteve a ponto de desaparecer da Terra. A primeira vez foi há 70 mil anos, quando os seres humanos se aventuraram a migrar para fora da África, em busca de outros territórios com melhores condições de sobrevivência. O grupo total de *Homo sapiens* era composto de cerca de 50 mil pessoas quando partiu rumo ao Norte, passando pelo Oriente Médio. Surpreendidos por uma glaciação, não conseguiram permanecer na região e tentaram voltar, mas apenas poucos conseguiram. Esse incidente provocou pela primeira vez o efeito chamado **"gargalo de garrafa"**, em que uma mortandade reduz grupos numerosos a um punhado de indivíduos. Contínuos períodos de glaciação submeteram a humanidade a provas terríveis, em cada uma dessas calamidades, sobrevivendo apenas os mais fortes, pela seleção natural. Consequentemente, as populações pré-históricas eram rarefeitas; o crescimento demográfico intenso somente ocorreu após o surgimento das vacinas e antibióticos, assim como do sanitarismo.

A **teoria evolucionista** do inglês Charles Darwin data de 1859, e propunha que o homem descendia dos macacos. Hoje se sabe que os homens e os macacos descendem de ancestrais comuns, que se ramificaram em linhagens diferentes. Os macacos com rabo são designados símios ou macacos propriamente ditos. Os macacos sem rabo, como os orangotangos, chimpanzés e gorilas, são chamados antropoides. Durante muito tempo, o estudo da evolução humana teve grande preocupação em encontrar vestígios de uma forma intermediária entre o chimpanzé e o homem – o chamado **elo perdido**. No entanto, descobertas recentes não permitem dúvidas sobre a evolução distinta dos macacos antropoides e dos hominídeos (homens), sem qualquer elo perdido.

O homem é produto da evolução, tal como todos os seres vivos. Essa evolução continua ocorrendo, porém de forma muito lenta. Os cientistas provaram que, na teoria da evolução, cada célula e cada molécula orgânica do corpo pode ter sua linhagem traçada por centenas ou milhares de anos. Pequenas mutações surgem aleatoriamente e a seleção natural continua a determinar a evolução dos organismos.

O fóssil **Lucy**, *Australopithecus afarensis*, é um hominídeo de 3,2 milhões de anos e foi encontrado na Etiópia em 1974. O fóssil **Luzia**, *Homo sapiens* de 11.500 anos, foi descoberto no Brasil, em Minas Gerais, em 1975. É o fóssil humano mais antigo encontrado nas Américas.

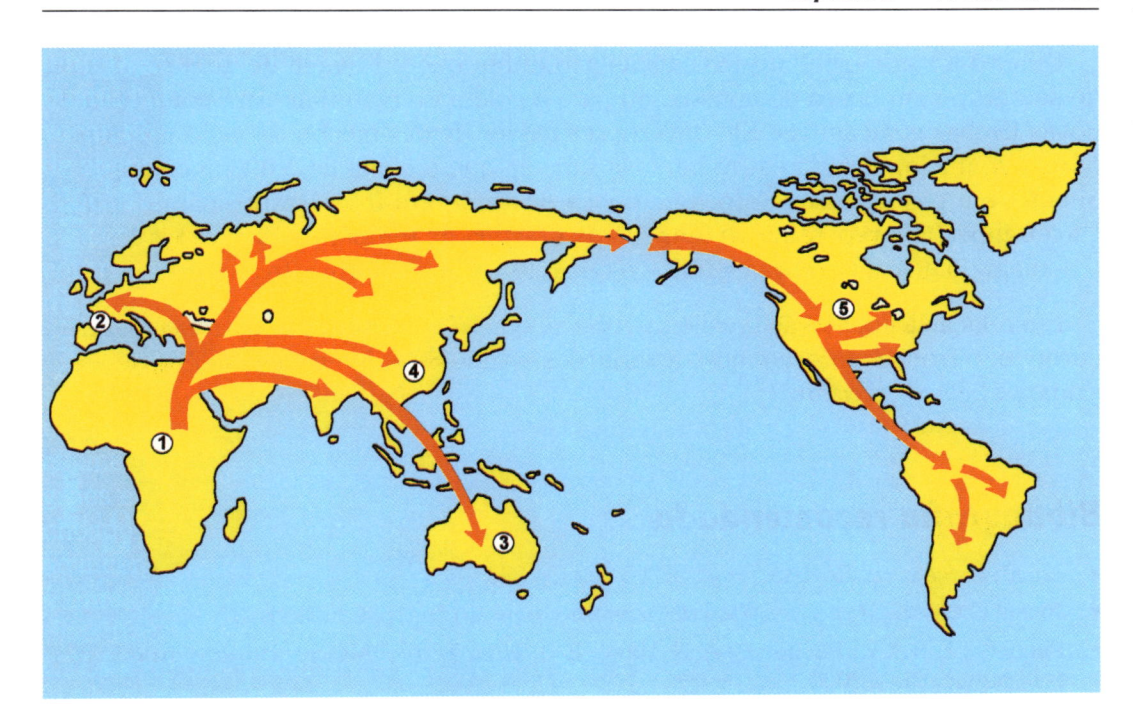

Figura 5.2
Migração do *Homo sapiens* de sua origem, na África, há 150 mil anos, para todo o planeta.

Fonte: Adaptado de revista *Veja*, São Paulo, Editora Abril, p.113, 20/12/2000.

1. África
   150 mil anos
2. Europa
   40 mil anos
3. Austrália
   40 mil anos
4. China
   60 mil anos
5. Américas
   35 a 15 mil anos

Mais recentemente, em 1991, foi encontrada em uma geleira dos Alpes, do Tirol, na fronteira austro-italiana, uma múmia de *Homo sapiens* com 5.300 anos, em estado de conservação surpreendente. O processo natural de mumificação ocorreu provavelmente em função da rápida desidratação por ventos gelados, ou talvez por ventos secos, provenientes do norte da África, que varrem os Alpes durante o inverno.

Conhecido como **homem do gelo** — ou **Oetzi** —, esse fóssil teve sua idade estabelecida por datação isotópica, e é considerado o homem mais antigo já encontrado virtualmente intacto. Essa descoberta trouxe maiores conhecimentos sobre a vida humana no período neolítico, em que viveu o homem do gelo. Naquela época, a Europa era uma região tranquila, com atividades agrícolas, enquanto a civilização estava começando a florescer no Egito e na Mesopotâmia. Os arqueólogos observaram o alto grau de sofisticação dos equipamentos encontrados com Oetzi. As flechas, ornadas com penas de ave e feitas com pontas agudas, indicavam um conhecimento básico de balística; o martelo, feito de cobre, e uma caçamba, de madeira, demonstravam a capacidade do homem na procura pelo melhor material para seus artefatos, uma vez que alguns desses materiais eram relativamente raros nos Alpes.

Também são interessantes as evidências de que pessoas pré-históricas desse período tenham descoberto as propriedades antibióticas das plantas. O tom azulado de seus dentes indica que provavelmente tinha uma dieta baseada em grãos moídos. Entre outras surpresas, o homem do gelo mostrou irrefutavelmente que cortes de cabelo e tatuagens já eram realizados desde aquela época. Alguns cientistas sugeriram que as tatuagens encontradas embaixo das roupas indicavam algum ritual de passagem de adolescente para homem adulto.

Quanto à sua morte, arqueologistas acreditam que o homem do gelo se afastou de seu grupo em busca de comida, ou para a coleta de materiais para confecção de novas flechas e caçambas. Ele deveria ser pastor de ovelhas ou de gado nos Alpes, o que, de início, parecia estranho, mas sabe-se que o clima há 5.000 anos era mais quente, e a pastagem nos Alpes na época do verão era interessante para o grupo. Uma tempestade repentina ou uma queda drástica de temperatura deve ter forçado o homem do gelo a procurar refúgio, o que o levou posteriormente à morte.

Em relação à população brasileira, sabe-se que 97% provêm de um tronco paterno europeu; o tronco materno mostra variações, sendo 39% de europeus, 33% de ameríndios e 28% de africanos.

Bibliografia recomendada

- Jaroff, L. *Iceman*, Revista *Time*, 26/10/1992, p.34.
- Jornal *O Globo*, *Mapa genético do homem é concluído*, 15/4/2003, p. 37.
- Pacheco, E.B.A.V., Pacheco J.A. & Mano, E.B. *Modelo de DNA confeccionado em PET* (em publicação), 2005.
- Revista *Veja*, Editora Abril, São Paulo, 20/12/2000, p.113.
- Revista *Veja*, Editora Abril, São Paulo, 18/6/2003, p. 57.
- Silva Jr., C. & Sasson, S. *Biologia*, Editora Saraiva, São Paulo (1999).
- Szpilman, M. *Informativo Aqualung*, nº 28, 1999.
- Teich, D.H. *A humanidade passo a passo*, Revista *Veja*, Editora Abril, São Paulo, 20/12/2000, p. 112-114.
- Voet, D., Voet, J.G. & Pratt, C.W. *Fundamentos da Bioquímica*, Artmed Editora, Porto Alegre, 2000, p. 43 e 51.
- http://www.cetesb.sp.gov.br, acessado em abril, 2003.
- http://www.mnh.si.edu, acessado em abril, 2004.
- http://www.bio2000.hpg.ig.com.br, acessado em abril, 2003.
- http://www.cttmar.univali.br, acessado em abril, 2003.

A POLUIÇÃO AMBIENTAL

A poluição

No início do século XXI, a sociedade depara-se com alguns problemas inexistentes para as gerações anteriores. Um deles é a poluição ambiental.

Poluição é toda alteração das propriedades naturais do meio ambiente que seja prejudicial à saúde, à segurança ou ao bem-estar da população sujeita aos seus efeitos, causada por agente de qualquer espécie.

Até 1970, a palavra poluição era pouco comum em textos escritos ou em conversações. A partir daí, a contaminação do meio ambiente por quantidades crescentes de materiais de destruição espontânea muito lenta passou a causar preocupação nos países mais avançados. A consciência de que algumas iniciativas de proteção ao meio ambiente deveriam ser tomadas, a fim de deter o incremento de lixo, descartado aleatoriamente, começou a atingir a municipalidade como um todo e até mesmo os domicílios. A abordagem do assunto chegou às escolas, levando às crianças o conhecimento do problema e a urgência de sua solução para o futuro. Assim surgiu a **Química Ambiental** — definida como o estudo das fontes, das reações, do transporte e do destino das espécies químicas nos ambientes ar, água e solo, assim como de seus efeitos para a saúde humana e para o ambiente natural.

Considerações retrospectivas podem explicar por qual motivo, por tanto tempo, desde o início da civilização, não havia ocorrido aquela situação, que hoje é considerada tão preocupante para a sociedade.

Pode-se atribuir a duas causas principais a poluição ambiental: o contínuo aumento da população e o vertiginoso desenvolvimento industrial. A população mundial, que era em torno de 750 milhões por volta de 1750, atingia 1,5 bilhão em 1900 e mais que dobrou (2,5 bilhões) em 1950, chegando a 5,5 bilhões, em 1990. Atualmente, o número de seres humanos habitando a Terra já ultrapassa 6 bilhões. O aumento da população acarreta uma crescente produção de alimentos, o que exige fertilizantes e agrotóxicos — ambos constituem o segundo maior componente responsável pela poluição ambiental. Agrava ainda o efeito poluidor dos esgotos humanos: além dos detritos orgânicos, contêm também resíduos de sabões e detergentes.

A Revolução Industrial

A **Revolução Industrial**, que teve origem a partir de 1760 e que se consolidou na Inglaterra em meados do século XIX, tornou possível, àquela época, a produção de bens em larga escala. Passou-se do trabalho manual para a produção das máquinas a vapor, concentradas em grandes fábricas, o que acarretou profundas transformações sociais e econômicas. Como produtos manufaturados da época, destacavam-se os tecidos de algodão, lã, linho e seda. Além disso, materiais de construção, ferro e cobre; e também cerveja, couro, sabão, vela, carvão e papel. Como os materiais empregados na confecção dos produtos industriais eram de origem natural, havia o retorno quase total dos refugos aos ciclos da Natureza. Assim, toda a produção, que era bastante reduzida, era consumida e sofria degradação natural, com o mínimo de impacto ambiental.

É interessante lembrar que, enquanto a **Revolução Francesa** (1789) levou a burguesia ao poder por uma transformação de caráter político, com repercussões econômicas, a Revolução Industrial inglesa (1760-1840) surtiu o mesmo efeito, com uma transformação pacífica que, de forma diversa, teve caráter predominantemente econômico, com efeitos políticos também.

As duas Guerras Mundiais provocaram desequilíbrio no desenvolvimento dos países, tanto dos direta como dos indiretamente envolvidos. A **1ª Guerra Mundial** foi deflagrada em 1914 pela Alemanha contra a França, a Inglaterra, a Rússia e outros países, congregados com o nome de *Entente*, que venceram em 1918. A **2ª Guerra Mundial**, depois de formado o Eixo entre Alemanha e Itália, foi iniciada em 1939 também pela Alemanha, associada com o Japão e sete outros países, contra a Polônia, a França, a Inglaterra, a Rússia, os Estados Unidos e outros, ao todo cerca de 50 países, autodenominados Nações Unidas. A 2ª Guerra Mundial terminou em 1945, com a vitória das Nações Unidas.

A capacidade de recuperação dos seres humanos é extraordinária. Durante os períodos de guerra, havia carência generalizada de tudo – alimentos, vestuário, calçados, medicamentos, papel, reagentes químicos etc. As atividades de pesquisa estavam reduzidas ao mínimo em universidades e indústrias. Entretanto, uma década após o término dos conflitos, já surgiam no mundo os frutos do desenvolvimento de novos produtos, principalmente alguns catalisadores especiais, que iriam provocar mudanças radicais na preservação ambiental.

Catalisadores são produtos cuja presença, mesmo em quantidades insignificantes, pode modificar uma reação, determinando novos produtos economicamente viáveis. Foram os catalisadores de **Ziegler** (1953), na Alemanha, e de **Natta** (1954), na Itália, atualmente associados sob a denominação de **catalisadores de Ziegler-Natta**, que permitiram a polimerização de hidrocarbonetos olefínicos do petróleo, como o etileno e o propileno. Assim, foi gerada uma quantidade enorme de materiais plásticos versáteis, quimicamente inertes e de baixo custo, portanto, valiosos na confecção de embalagens de todos os tipos, para alimentos, medicamentos, produtos químicos etc. Por outro lado, todos esses materiais são de difícil degradação natural.

Até a metade do século XX, a produção industrial no mundo não ultrapassava 35.000 toneladas de polímeros. Entretanto, a redução do custo de produção e a variedade de poliolefinas obtidas por processos catalíticos permitiram que esses materiais logo assumissem um papel de extrema relevância no setor de embalagens. Assim, já na virada do século, cerca de 200 milhões de toneladas de polímeros sintéticos — quase 5.000 vezes mais — foram lançados no mercado pela demanda de consumo cada vez maior da sociedade.

Deve-se considerar que embalagens do tipo descartável tornam-se um sério problema, especialmente onde há densas aglomerações humanas, como nas grandes cidades que se espalham pelo planeta. O **Quadro 6.1** mostra as cidades com mais de 10 milhões de habitantes, destacando a vasta concentração humana na Ásia: dez das megalópoles encontram-se naquele continente. A cidade mais populosa do mundo é Tóquio, no Japão, com 26.400.000 habitantes; São Paulo é a quarta com quase 18 milhões de pessoas, e o Rio de Janeiro, a décima oitava, com mais de 10 milhões. Quanto maior for a densidade populacional, maior é o consumo e, consequentemente, o descarte de resíduos, que podem atingir volumes imensos e causar poluição indesejável.

A fonte de todos os produtos empregados nas reações com os novos catalisadores era o petróleo. No início da década de 70 do século XX, com a descoberta das jazidas de petróleo no Mar do Norte, na costa da Escócia, surgiu grande interesse no desenvolvimento de nova tecnologia de extração de petróleo em águas profundas, isto é, entre 400 e 1.000 metros, e, mais recentemente, em águas ultraprofundas, além de 1.000 metros.

A moderna indústria petrolífera brasileira, também em águas profundas, teve seus primórdios nessas descobertas. Atualmente, cerca de 64% da produção brasileira está em águas de mais de 400 metros de profundidade; 18% encontram-se em lâminas de água menores que 400 metros. E 18% da produção é proveniente de campos em terra. A Petrobras é a maior produtora de petróleo em águas profundas no mundo.

N°	População (milhões de habitantes)	Cidade	País	Continente
1	26,4	Tóquio	Japão	Ásia
2	18,1	Cidade do México	México	América do Norte
3	18,1	Bombaim	Índia	Ásia
4	17,8	São Paulo	Brasil	América do Sul
5	17,0	Xangai	China	Ásia
6	16,6	Nova York	EUA	América do Norte
7	13,4	Lagos	Nigéria	África
8	13,1	Los Angeles	EUA	América do Norte
9	12,9	Calcutá	Índia	Ásia
10	12,6	Buenos Aires	Argentina	América do Sul
11	11,8	Dacar	Bangladesh	Ásia
12	11,7	Karachi	Paquistão	Ásia
13	11,0	Nova Délhi	Índia	Ásia
14	11,0	Jacarta	Indonésia	Ásia
15	10,9	Osaka	Japão	Ásia
16	10,9	Manila	Filipinas	Ásia
17	10,8	Pequim	China	Ásia
18	10,6	Rio de Janeiro	Brasil	América do Sul
19	10,6	Cairo	Egito	África

Quadro 6.1 — População das maiores cidades da Terra

Fonte: Revista *Time*. Special Report, Latin American Edition, 26/8/2002.

O efeito estufa

A atmosfera da Terra é constituída de gases que permitem a passagem da radiação solar de ondas curtas e que absorvem grande parte do calor, isto é, das radiações infravermelhas, emitidas pela superfície aquecida da Terra. Já a radiação terrestre, de ondas longas, é absorvida por materiais que tornam a irradiá-la de volta à Terra.

Chama-se **efeito estufa** o mecanismo de aquecimento natural do planeta, com elevação da temperatura da atmosfera; esse efeito vem sendo observado há mais de um século. A atmosfera permite a entrada de uma grande quantidade das radiações oriundas do Sol. A maior parte dessas radiações sofre reflexão pela superfície terrestre ou pela atmosfera e retorna para o espaço. Uma pequena parte, porém, é absorvida por gases atmosféricos, pelo solo e pelos oceanos. A energia luminosa é finalmente retransmitida na forma de calor. A maior parte desse calor perde-se no espaço exterior, enquanto uma certa quantidade é absorvida nas baixas camadas atmosféricas, principalmente pelo gás carbônico (CO_2), pelo metano (CH_4) e pelo vapor de água. Assim, esse efeito acaba criando um manto quente na superfície da Terra. A atmosfera, dessa forma, exerce um efeito de estufa, retendo uma pequena parte do calor e assim contribuindo para a manutenção de uma temperatura global média de 15 °C. Sem o efeito estufa, a temperatura média da Terra seria de 18 °C negativos. Portanto, o efeito estufa natural é benéfico ao planeta, pois cria condições propícias à manutenção da vida.

O aumento substancial nas liberações de gás carbônico tem alterado o comportamento atmosférico, pois, à medida que aumenta o teor de CO_2, intensifica-se também a retenção de calor pelo efeito estufa e, consequentemente, mais elevada fica a temperatura média do globo terrestre.

A degradação do meio ambiente gera mudanças climáticas. A radiação entra na atmosfera do planeta e aquece a superfície terrestre, que irradia o calor para o ar. Os **gases de efeito estufa** absorvem e retêm parte desse calor emitido. A industrialização estimula muito o aumento de gases de efeito estufa na atmosfera, como o gás carbônico, em virtude da queima de combustível fóssil. As queimadas das florestas também produzem CO_2 para a atmosfera. A poluição provocada pela excesso de veículos nas cidades muito populosas faz com que o CO_2 se acumule no ar, absorvendo mais calor.

Os gases de efeito estufa agem como isolantes, porque absorvem uma parte da energia irradiada pela Terra. Então as moléculas desses gases, agora mais ricas em energia, reirradiam em todas as direções. Uma parte retorna para a Terra novamente, sendo o efeito final a retenção parcial da energia pela atmosfera. Na ausência dessa ação isolante, a Terra iria se resfriar muito. Em razão do efeito estufa, a superfície terrestre é aproximadamente 33 °C mais quente do que seria. Se os níveis de gases de estufa produzirem muito isolamento durante um tempo suficientemente longo, a Terra poderá, por isso, se tornar muito quente para a manutenção da vida. O problema não está na existência dos gases de estufa — pois eles são de origem natural e executam um papel essencial — mas nas altas concentrações dos mesmos. Atualmente, quando os jornalistas e publicitários falam do efeito estufa, eles não se referem ao fenômeno descrito acima, mas ao possível aquecimento acelerado da Terra, causado por um aumento dos níveis desses gases.

As consequências exatas desse aumento de temperatura ainda são desconhecidas, mas algumas previsões podem ser feitas nos pontos abaixo destacados:

- Aquecimento da Terra — Os fenômenos climáticos serão mais intensos. As áreas úmidas ficarão ainda mais úmidas e as secas ficarão bem mais secas. O aumento da temperatura planetária provocará maior evaporação dos oceanos, aumentando o teor de vapor na atmosfera, o que fará crescer ainda mais o efeito estufa, já que o vapor também contribui para o aquecimento natural da atmosfera.

- Ecossistemas — A deterioração das florestas e de outros ambientes naturais provocará alteração nos ecossistemas. Com isso, muitas espécies podem vir a ser extintas pelas dificuldades de mobilidade e adaptação. A queima excessiva de combustíveis fósseis, como petróleo, carvão e gás natural, bem como a grande redução da área verde do planeta, já vêm contribuindo para aumentar a concentração de gás carbônico na atmosfera.

- Água — Haverá menos chuvas e surgirá uma multidão de vítimas da escassez de água. Os desertos irão aumentar, e o fluxo dos rios, diminuir. Faltará água nas torneiras e em canais de irrigação.

- Fome — Regiões com elevados índice de carência alimentar terão ainda menos alimentos. Na Índia, a bem-sucedida cultura de arroz já vem enfrentando dificuldades causadas pelo calor.

- Nível do mar — A redução de geleiras aumentará o nível do mar, com o risco de desastres urbanos no litoral, nas costas, nas ilhas e em regiões litorâneas voltadas a atividades agrícolas.

- Doenças — Doenças típicas de países quentes, como a malária e a dengue, poderão chegar a países anteriormente mais frios.

- El Niño — O fenômeno El Niño, com a alteração das correntes marinhas e dos ventos no Oceano Pacífico, causará grande impacto no clima do mundo. Como os ventos são diretamente influenciados pela temperatura, é possível que ocorram mudanças na direção de certas correntes, o que poderá alterar o ritmo e a distribuição das chuvas de forma imprevisível.

Nos anos 90, as emissões de poluentes no ar aumentaram 6%. Os Estados Unidos, que emitem 23% do total de gases de efeito estufa produzidos no mundo, são a principal fonte mundial de intensificação do efeito estufa. No entanto, recusam-se a ratificar o Protocolo de Kyoto, que os obrigaria a reduzir suas emissões de CO_2. Em 2000, só nos Estados Unidos, a produção desse gás estava 13% mais alta do que em 1990. Desde a Revolução Industrial, o dióxido de carbono emitido para a atmosfera aumentou 27%. Outros gases de efeito estufa, como metano, praticamente dobraram. Nos últimos 40 anos, o gelo ártico diminuiu 40%. A maioria dos cientistas acredita que já começou o processo de degelo das calotas polares, como resultado do pequeno aumento de temperatura já verificado na atmosfera. O prosseguimento desse degelo poderá deslocar o nível dos mares, provocando inundações sem precedentes na história.

O buraco na camada de ozônio

Chama-se **camada de ozônio** a zona enriquecida de oxigênio, com maior teor de ozônio (O_3), presente na estratosfera entre 20 e 70 km acima da superfície terrestre. Essa camada é vital para a existência de vida porque, ao mesmo tempo que absorve a radiação ultravioleta de ondas curtas (UV-B e UV-C), que é prejudicial, permite a entrada da radiação ultravioleta de ondas longas (UV-A), de efeito benéfico, sobre a superfície da Terra.

A formação de ozônio se dá na estratosfera, em altitude de 20 a 70 km, logo acima da ozonosfera (20-30 km de altitude), que é a camada de ozônio mais rica em ozônio. Essa camada de ozônio tem papel relevante como filtro dos raios solares de comprimentos de onda mais curtos, absorvendo mais de 95% das radiações ultravioleta. Dessa maneira, impede que tais radiações cheguem à superfície da Terra em quantidade demasiadamente elevada e causem danos ao homem, já que podem provocar, nos seres vivos, anomalias, deformações, atrofias etc. Estima-se que a redução de apenas 1% na espessura da camada de ozônio seja suficiente para que a radiação UV cause a cegueira por catarata em 100.000 pessoas e aumente em 3% os casos de câncer de pele. Em pequenas quantidades, porém, essas radiações são úteis à vida, contribuindo para a produção de vitamina D, indispensável ao desenvolvimento normal dos ossos.

No século XX, em meados da década de 80, confirmou-se que o ozônio estava sendo progressivamente destruído, com a consequente rarefação da camada. Essa destruição é provocada por produtos químicos liberados na atividade humana, especialmente os que contêm átomos de cloro como os cloroflúor-carbonetos, CFC. Esses gases eram muito empregados em refrigeradores, aparelhos de ar refrigerado, acolchoados para estofamento de carros e móveis, espumas sintéticas usadas no combate ao incêndio, e aerossol utilizados em vários produtos, laquês de cabelo, desodorantes e tintas. A energia de ligação entre os átomos de carbono e o cloro é de 93 kcal/mol, mais fraca do que as ligações carbono-flúor e carbono-hidrogênio. A molécula dos CFCs e de outros compostos clorados voláteis é mais facilmente decomposta pelas radiações solares e irá contribuir para a destruição da camada de ozônio.

Os CFCs podem subir à estratosfera sem se modificar. Porém, acima de 12 km de altitude, a radiação ultravioleta emitida pelo Sol rompe a ligação química entre o átomo de carbono e o átomo de cloro, liberando este sob a forma de radical livre, que ataca o ozônio e o destrói, formando oxigênio. O enfraquecimento da camada de ozônio favorece a passagem dos raios ultravioleta, que assim chegam à superfície da Terra em maior quantidade.

A molécula de ozônio, O_3, é gerada quando uma molécula de oxigênio, O_2, absorve uma determinada quantidade de energia correspondente ao comprimento de onda de 240 nm, na região do ultravioleta, e se dissocia em dois radicais livres oxila, $2O^{\cdot}$, os quais se chocam com outras moléculas de oxigênio, recompondo a molécula O_3. A molécula de ozônio é instável à luz solar. Sob a ação de radiações de comprimento de onda inferior a 1.100 nm, transforma-se em O_2, regenerando um radical livre $O^{\cdot}$, que retorna ao ciclo natural. Nesse processo de produção e destruição do ozônio, são absorvidos os raios solares muito energéticos, nocivos ao homem.

A camada de ozônio é mais fina sobre a Antártica, e se apresenta com maior nitidez na primavera e no outono, correspondentes aos períodos de equinócio. Lá a falha da camada de ozônio é maior em consequência da movimentação dos ventos ao redor dos polos. Em outras regiões do planeta, o escudo protetor de ozônio está ficando mais fino, e novos buracos poderão surgir sobre regiões populosas em qualquer latitude. Depois do recorde de 28,5 milhões de km^2 em 2000, comparável à área da América do Norte, o buraco na camada de ozônio diminuiu, passando a 15,6 milhões de km^2 em 2002, ocupando duas áreas separadas, em razão das condições atmosféricas peculiares desse ano.

A ecologia

Ecologia é uma ciência que envolve todas as relações, amistosas ou não, entre o animal e seu ambiente, seja orgânico ou inorgânico, desde que haja contato direto ou indireto por meio de complexas interrelações. **Ecossistemas** são sistemas de organismos vivos — vegetais e animais — em interação com o seu ambiente.

A palavra **ecologia** foi definida pela primeira vez por Ernest Haeckel, na Inglaterra, em 1870. O termo tem sua origem em dois vocábulos gregos: *oikos*, com sentido de casa, e *logos*, que significa estudo. Nenhum organismo, seja ele uma bactéria, uma alga, uma árvore, um inseto, uma ave ou o próprio homem, pode existir autonomamente, isto é, sem interagir com outros, ou mesmo com o ambiente físico no qual ele se encontra.

Os fatores ecológicos podem ser classificados como **bióticos**, que envolvem os seres vivos, e **abióticos**, representados pelo solo, pela água, pelo ar e ainda pela pressão atmosférica, pela temperatura ambiente etc. **Biota** é o conjunto dos seres animais e vegetais de uma região.

A queima de derivados de petróleo e carvão provoca a formação de gases nitrosos e sulfurosos. São os óxidos de nitrogênio $[(NO)_x]$ e o dióxido de enxofre (SO_2) que, reagindo com o vapor da água (H_2O) da atmosfera, formam ácido nítrico (HNO_3) e ácido sulfúrico (H_2SO_4), os quais provocam a chuva ácida, apresentam-se também sob a forma de neblina ou de neve. A chuva ácida compromete as construções, a vida aquática e a vida terrestre. Para a WWF (*World Wild Foundation*), 35% da Europa Ocidental é afetada pela chuva ácida.

A manutenção da vida na Terra depende da riqueza e multiplicidade de ambientes, dos seres e seus relacionamentos, numa rede de interações globais em que todos os organismos, dos vírus às árvores, colaboram mutuamente para as condições de existir. O ser humano, no entanto, com um modelo de desenvolvimento que usa e descarta recursos ambientais em massa, tem exaurido o planeta. Uma espécie de planta ou de animal desaparece a cada 20 minutos. Um quarto das terras do planeta pode se transformar em deserto por causa do desmatamento e do manejo inadequado. Cerca de 40% da população mundial enfrenta a falta de água. Mais de 3 milhões de pessoas morrem a cada ano de doenças respiratórias causadas pela poluição.

A **Carta da Terra**, uma síntese de propostas para o desenvolvimento sustentável aprovada pela Unesco em 2000, afirma que a humanidade já possui conhecimentos e tecnologia para reduzir os impactos ambientais. Mas, para isso, é preciso a atuação conjunta de governos, instituições, empresas e indivíduos.

Bibliografia recomendada

- Alter, S.H. *Disposal and reuse of plastics* in Mark, H.F., Bikales, N.M. Overberger, C.G. & Menges, G. Encyclopedia of Polymer Science and Engineering, John Wiley, vol. 5 (1986), p. 103.
- Revista *Borracha Atual A difícil convivência com o meio ambiente*, ano VII, nº 42 (2002), p. 6.
- Connell, D.W., Hawker, D.W., Warne, M.S.J. & Vowles P.P. *Basic Concepts of Environmental Chemistry*, Lewis Publishers, Boca Raton (1997).
- Michalany D. *Novo Atlas Geográfico Universal*, Gráfica-Editora Michalany, São Paulo (1989).
- *Polymer News*, **14** (11), 347 (2001).
- Revista Time, Special Report, Latin American Edition, 26/8/2002.
- Revista Veja, Edição Especial, nº 22, ano 35 (2002), p. 35.
- http://www.ibge.gov.br/ibgeteen/mudancas, acessado em maio, 2004.
- http://quimica.fe.usp.br/global/cc1/estufa.html, acessado em maio, 2004.
- http://www2.petrobras.com.br.htm, acessado em dezembro, 2004.

AS PRINCIPAIS FONTES DE ENERGIA

7

A energia na Natureza

Energia é a capacidade que um sistema tem de produzir trabalho. Pode ser reduzida a dois tipos fundamentais: **energia potencial**, que é consequência da posição do corpo ou de suas partes constitutivas e **energia cinética**, que decorre do movimento do corpo no espaço.

A grande importância das fontes naturais de energia para a sociedade moderna é a geração de calor, de eletricidade e de força motriz. As principais fontes são o petróleo, o carvão e o gás natural, de origem fóssil, provenientes de matéria-prima não renovável, isto é, restos fossilizados de plantas e animais, dessa forma esgotáveis ao fim de um certo tempo. Já a energia hidráulica, também importante, é proveniente de matéria-prima renovável, isto é, dos rios. Essa situação vem preocupando a sociedade moderna quanto à necessidade de fontes alternativas a serem buscadas, a fim de se preservarem as riquezas naturais, tendo em vista as gerações futuras.

Além dessas, a Natureza oferece ao homem ainda outras fontes de energia, das quais despertam maior interesse: a energia eólica, obtida dos ventos; a energia nuclear, decorrente da fissão de átomos de urânio; a energia solar, captada dos raios solares; e a energia vegetal, originária da combustão do etanol, produzido pela fermentação do caldo de cana-de-açúcar, ou da biomassa, proveniente de outros produtos agrícolas.

N°	Região	Energia mundial total		Percentual de energia por fonte e por região[**] (%)				
		milhões de toneladas[**]	(%)	Petróleo	Carvão	Gás natural	Nuclear	Hidrelétrica
1	Europa	2.991	38	26	47	7	16	4
2	América do Norte	2.158	28	40	23	26	7	4
3	Ásia	1.619	21	38	49	6	5	2
4	América do Sul/ Central	517	7	38	26	24	2	10
5	África/Oriente Médio	422	5	49	33	15	1	2
6	Oceania	101	1	36	41	20	0	3
	Total	7.808	100	40	28	22	7	3

Quadro 7.1 — Cenário mundial das fontes de energia[*] (1995)

[*]Valores aproximados. [**]Equivalente em petróleo.
Fonte: *British Petroleum Statistical Review of World Energy,* 1995.

Embora com grande potencial, não está completamente viabilizada a tecnologia para o emprego da energia dos oceanos ou do calor terrestre. Há ainda recentes avanços no uso do hidrogênio em célula a combustível. Uma imagem do cenário mundial das fontes de energia pode ser vista no **Quadro 7.1**. Praticamente 90% das reservas de petróleo e de carvão estão localizadas no Hemisfério Norte. Também 90% dos desertos estão no Norte, indicando que lá já houve oceanos e três países – Federação Russa, Estados Unidos e Canadá — detêm as maiores reservas de carvão, cuja produção mundial é de 5 bilhões de toneladas/ano.

É interessante considerar que as fontes de origem fóssil, assim como fóssil, vão sendo continuamente exauridas; que a produção de energia hidráulica implica a perda de vastas regiões de terra fértil; que as energias solar e eólica, renováveis, exigem regiões ensolaradas e ventosas; que a energia vegetal, renovável, tem profunda relação com circunstâncias socioeconômicas; que a energia dos oceanos, também renovável, depende de regiões costeiras especiais e que as características explosivas do hidrogênio são uma dificuldade no desenvolvimento da tecnologia para sua utilização. Assim, apenas a geotermia, isto é, o calor terrestre, não apresenta qualquer das restrições encontradas na exploração das demais fontes energéticas naturais; essa será, provavelmente, a fonte energética do futuro.

A fundamental importância da eletricidade reside, essencialmente, na possibilidade de se transformar a energia da corrente elétrica em outra forma de energia: mecânica, térmica, luminosa etc.

Nos processos industriais, as formas de energia atualmente mais utilizadas são: energia térmica, obtida de combustíveis fósseis (95,9%) e de combustíveis físseis (0,3%), e energia hidrelétrica (3,8%). Os processos usuais de conversão de energia transformam energia térmica em energia mecânica e esta em energia elétrica. No caso de recursos hidráulicos, obtém-se energia mecânica e dela, energia elétrica.

Como se pode observar no **Quadro 7.2**, as fontes mais empregadas para a produção de eletricidade são o carvão, a água, o urânio, o gás natural e o petróleo. Outras fontes, muito menos utilizadas, são o vento, o Sol, o etanol, a maré, a geotermia e a biomassa.

Quadro 7.2 Produção de energia elétrica no mundo* (1993)					
Nº	Fonte	Tipo de usina	Percentual (%)	Vantagens	Desvantagens
1	Carvão	Termoelétrica	42	Custo Localização	Não renovável Poluente
2	Água	Hidrelétrica	19	Renovável Custo Não poluente	Localização Áreas alagadas
3	Urânio	Nuclear	15	Localização	Não renovável Custo Poluente
4	Gás natural	Termoelétrica	12	Custo	Não renovável Localização Poluente
5	Petróleo	Termoelétrica	10	Custo Localização	Não renovável Poluente
6	Vento	Eólica	Inferior a 0,5	Renovável Não poluente	Tecnologia Localização Custo
7	Sol	Solar	Inferior a 0,5	Renovável Não poluente	Tecnologia Localização Custo
8	Etanol	Termoelétrica	Inferior a 0,5	Renovável Não poluente	Localização Custo
9	Maré	Mareomotriz	Inferior a 0,5	Renovável Não poluente	Tecnologia Localização Custo
10	Geotermia	Geotérmica	Inferior a 0,5	Renovável Não poluente	Tecnologia Custo Localização
11	Biomassa	Termoelétrica	Inferior a 0,5	Renovável Não poluente Localização	Tecnologia Custo

*Valores aproximados.
Fonte: E.L. LaRovere & M.Q. Lima. *Impactos ambientais de projetos energéticos*. Rio de Janeiro, UFRJ, 1993.

O petróleo

Petróleo é uma substância natural negra, opaca, fluorescente, de odor intenso, de consistência oleosa, espessa, inflamável, insolúvel e mais leve que a água, de densidade entre 0,75 e 0,95. É uma mistura de composição química heterogênea e variável, constituída essencialmente por hidrocarbonetos líquidos, hidrocarbonetos gasosos emulsionados e hidrocarbonetos sólidos dissolvidos. Contém ainda cerca de 5% de outras substâncias, como compostos sulfurados (ácido sulfídrico, mercáptans), nitrogenados (piridina, quinolina) e organometálicos, além de água, cloreto de sódio, restos de organismos microscópicos vegetais ou animais e impurezas minerais, como argila e areia. O resíduo mineral encontrado nas cinzas do petróleo é muito pequeno, cerca de 1-10 g/ton.

O petróleo ocorre quase sempre associado a sedimentos depositados em antigos mares. Admite-se que, no passado, esses mares permitiam a existência de vida planctônica extensa à sua superfície, enquanto que, no fundo, se depositavam águas paradas, sem oxigenação, sem destruição total da matéria orgânica, criando um ambiente rico em bactérias anaeróbicas. Com o tempo, a massa depositada teria sido enriquecida em hidrocarbonetos, diminuindo as substâncias nitrogenadas, consumidas para a manutenção da vida microbiana. Assim, teria se constituído a rocha geradora, recalcada para profundidades maiores da crosta, com as reações prosseguindo por milênios e aumentando o teor de hidrocarbonetos. Das rochas geradoras, com o tempo e as elevadas pressões reinantes, o petróleo foi sendo expelido, migrando ao longo das camadas de rocha sedimentares, até atingir rochas porosas. Nessas rochas, o petróleo passou a se concentrar, constituindo rochas acumuladoras, como os arenitos e os calcáreos de recifes de corais, cujos poros, por ataque químico, teriam sido interligados pelo dióxido de carbono, gerando vazios intercomunicáveis.

Assim, o precursor do petróleo é o plâncton. **Plâncton** (do grego, *planktos*, errante) é a designação geral dada a uma enorme diversidade de seres vivos de reduzidas dimensões que flutuam errantemente nos oceanos, rios e lagos, em águas doces, salobras ou marinhas. Os plânctons pertencem ao mais variado dos grupos biológicos, vegetais (fitoplânctons) e animais (zooplânctons). Esses seres microscópicos são a base da cadeia alimentar dos seres vivos. As algas unicelulares, como as que formam a maré vermelha, venenosas, são o componente básico do fitoplâncton, que contém ainda diatomáceas e flagelados. São transparentes na água e luminescentes no escuro. Os ovos e as larvas da maioria dos peixes e alguns crustáceos microscópicos são parte do zooplâncton.

A presença de porfirinas no petróleo confirma sua origem no plâncton marinho, uma vez que essas estruturas químicas complexas são a base da clorofila e da hemoglobina; também a presença de níquel nas cinzas do petróleo é característica de substâncias orgânicas de origem marinha.

O petróleo é geralmente classificado segundo a sua natureza química em três grupos: petróleo de base parafínica, petróleo de base naftênica ou asfáltica e petróleo de base aromática. Há ainda petróleo de base mista, com os três tipos de componentes presentes.

O **petróleo de base parafínica** consiste em uma mistura de hidrocarbonetos alifáticos de até 70 átomos de carbono na cadeia; entre cinco e 15 átomos de carbono, é líquido; abaixo de cinco é gasoso; acima de 15, sólido. Por exemplo, o óleo do Recôncavo Baiano é tão rico em ceras parafínicas que elas chegam a causar entupimento nas tubulações.

O **petróleo de base naftênica** ou **asfáltica** tem como base cicloparafinas, isto é, hidrocarbonetos com anéis saturados de seis e cinco átomos de carbono; suas estruturas básicas são o ciclo-hexano e o metilciclopentano; os compostos desse tipo são conhecidos como naftenos. Exemplos de petróleo naftênico são o da Califórnia, da Venezuela, da Colômbia e da Indonésia.

O **petróleo de base aromática** contém hidrocarbonetos com anéis aromáticos. É um tipo de petróleo mais ou menos raro, encontrado na Federação Russa, em Bornéu e em Java. Na fração leve, o teor de hidrocarbonetos aromáticos pode atingir 40%.

As maiores jazidas de petróleo encontram-se em áreas de espessos depósitos sedimentares, geralmente de origem marinha, que sofreram apenas tectonismo brando. Predominam em terrenos da era cenozoica (70 milhões de anos atrás). O petróleo profundo é mais antigo, mais rico em hidrocarbonetos parafínicos e mais leve, em razão do craqueamento natural ocorrido nas jazidas. Os terrenos vulcânicos não são favoráveis à existência de petróleo.

O petróleo é matéria-prima essencial para uso energético, sob a forma de gasolina, querosene, óleo diesel, gasóleos médios e pesados (óleos lubrificantes), óleo cru reduzido, óleo combustível e GLP (gás liquefeito de petróleo). É a base da fabricação de asfalto e de parafina. A unidade mais empregada para a medida de volume do petróleo e de líquidos da indústria petrolífera é o barril americano, que equivale a 42 galões ou 159 litros, com peso médio de 129 kg.

O **Quadro 7.3** mostra dados interessantes e atuais sobre o petróleo. As reservas de petróleo conhecidas são avaliadas em 1 trilhão de barris, das quais a maior parte (65%) está na região do Golfo Pérsico: Arábia Saudita, Iraque, Emirados Árabes Unidos, Irã, Kuwait (que dispõe de 97 bilhões de barris de petróleo em reservas conhecidas, porém só produz 700 mil barris por dia) e outros. A Líbia, com 30 bilhões de barris, e a Nigéria, com 24 bilhões, possuem reservas avantajadas, entretanto, não são grandes produtoras. Já os maiores produtores mundiais de petróleo são Arábia Saudita, Estados Unidos e Federação Russa.

O Brasil também dispõe de reservas de petróleo, localizadas principalmente em sua plataforma continental, porém são menores (cerca de 9 bilhões de barris, com uma produção de 1,6 milhão de barris por dia) e de difícil extração, em razão da profundidade em que se encontram, abaixo de 1.000 metros. O **Quadro 7.4** apresenta informações sobre as reservas nacionais de petróleo em 2002.

Quadro 7.3
Petróleo no mundo: produção, reservas e características

Nº	País produtor	Produção média (milhão barril/dia)	Reservas conhecidas (bilhão barril)	Principal local
1	Arábia Saudita	8,5	262	Golfo Pérsico
2	Estados Unidos	8,1	22	Califórnia
3	Federação Russa	7,0	49	Sibéria
4	Irã	3,8	90	Golfo Pérsico
5	México	3,6	27	Golfo do México
6	Noruega	3,4	—	Mar do Norte
7	China	3,3	—	—
8	Venezuela	3,1	78	Mar do Caribe
9	Canadá	2,7	—	—
10	Emirados Árabes Unidos	2,6	98	Golfo Pérsico
11	—	—	—	—
12	Iraque	2,4	113	Golfo Pérsico
13	—	—	—	—
14	—	—	—	—
15	Brasil	1,6	10	Bacia de Campos

Fonte: Revista Veja. *Ao vencedor, o petróleo.* São Paulo, Editora Abril, p. 48-49, 12/2/2003.

Quadro 7.4
Reservas nacionais de petróleo (2002)

Unidade da Federação	Tipo de terreno	Reservas provadas (milhão barril)	Reservas totais (milhão barril)
AL	Terra	12	19
AL	Mar	1	2
AM	Terra	114	141
AM	Mar	0	0
BA	Terra	212	343
BA	Mar	14	17
CE	Terra	6	15
CE	Mar	70	75
ES	Terra	118	280
ES	Mar	500	817
PR	Terra	0	0
PR	Mar	27	66
RJ	Terra	0	0
RJ	Mar	8.174	10.561
RN	Terra	259	345
RN	Mar	68	112
SP	Terra	0	0
SP	Mar	4	4
SE	Terra	205	227
SE	Mar	28	58
Brasil	Terra	926	1.370
Brasil	Mar	8.886	11.712
Total		9.812	13.082

Fonte: Agência Nacional do Petróleo, 2003.

O gás natural

Gás natural é um combustível fóssil de origem natural encontrado em depósitos subterrâneos. É uma mistura de hidrocarbonetos leves que, à temperatura ambiente e sob pressão atmosférica, permanece no estado gasoso. É um gás incolor e inodoro, não tóxico, mais leve do que o ar. O gás natural é uma fonte de energia limpa, pois emite baixos níveis de produtos secundários nocivos, poluentes do ar. Consiste predominantemente de hidrocarbonetos parafínicos leves, metano (70% a 90%) e etano (**Quadro 7.5**). Não se sabe ao certo a origem do hélio no gás natural. Em alguns casos, a concentração é bastante elevada, até 8%, enquanto na atmosfera esse gás nobre se encontra apenas na proporção de cinco partes por milhão, em volume.

Forma-se gás natural quando resíduos animais ou vegetais, recobertos com lama e outros sedimentos, são comprimidos sob a terra, a pressões e temperaturas muito elevadas e por períodos de tempo muito longos, milhões de anos. É o chamado **metano termogênico**. O gás natural é usualmente associado aos depósitos de petróleo situados entre 2 e 4 km abaixo da superfície terrestre. Depósitos mais fundos, muito distantes da superfície, geralmente contêm gás natural e, em muitos casos, metano puro. As pressões e temperaturas muito elevadas encontradas nas profundezas da Terra provocam a quebra das ligações C-C das moléculas orgânicas. Nos depósitos rasos, em virtude da volatilidade, é encontrado mais petróleo do que gás, e a temperaturas mais altas, maior concentração de gás e menor de petróleo. O gás sobe à superfície por rochas tipo xisto, frouxas, e o metano se dissipa na atmosfera: é o **metano biogênico**. Quando o gás é aprisionado por camadas de rocha impermeável, esta é chamada **reservatório**. Nesse caso, o gás encontra-se em terrenos de origem sedimentar, onde ocupa os interstícios intergranulares ou fissuras intercomunicáveis de rochas.

Quadro 7.5 Composição típica do gás natural		
Constituinte	Fórmula	Teor (%)
Metano	CH_4	70 - 90
Etano	C_2H_6	2 - 10
Propano	C_3H_8	2 - 10
Isobutano	C_4H_{10}	1 - 5
Nitrogênio	N_2	0 - 5
Oxigênio	O_2	0 - 0,2
Sulfeto de hidrogênio	H_2S	0 - 5
Dióxido de carbono	CO_2	0 - 8
Hélio	He	traços
Xenônio	Xe	traços
Argônio	A	traços
Neônio	Ne	traços

Fonte: *Gás natural, in Enciclopédia Mirador Internacional*. São Paulo, Enciclopaedia Britannica do Brasil Publicação Ltda., vol. 10, p. 5120, 1995; http://www.natural-gas.org/overview/background.asp, acessado em março, 2004.

O gás natural pode ou não estar associado ao petróleo e, como ele, também é originado da transformação química lenta da matéria orgânica. Pode ser utilizado como combustível, para fornecimento de calor, geração de eletricidade e de força motriz, como matéria-prima nos setores químico, petroquímico e de fertilizantes e como redutor siderúrgico na fabricação do aço.

Dependendo das condições de pressão e temperatura e da quantidade de gás, este pode estar dissolvido no sistema, ou liquefeito, ou formando emulsões. O gás ocupa as partes superiores dos depósitos de petróleo, em razão de sua menor densidade. As camadas de rocha impermeável são dobradas para cima, formando estruturas **anticlinais** ou **domos** que cobrem os depósitos, possibilitando uma retenção estrutural e aprisionando petróleo e gás. O deslizamento das rochas ao longo de uma falha geológica forma uma armadilha.

O gás natural também é produzido pela transformação da matéria orgânica por micro-organismos anaeróbicos; o metano é formado perto da superfície. Esses micro-organismos podem existir no intestino do homem e de outros animais. O gás de aterro é metano biogênico, que é aproveitado localmente com o nome de **biogás.**

O gás natural bruto é refinado para remoção de impurezas, como água, areia, outros gases etc. Alguns hidrocarbonetos, como butano e propano, são separados e comercializados em botijões. O gás natural é transportado por uma rede de gasodutos. A sua combustão completa libera o dióxido de carbono e o vapor de água, ambos produtos não tóxicos; assim, o gás natural é uma fonte de energia ecológica e não poluente.

À pressão atmosférica, o gás natural é líquido a −15 °C. Graças às suas propriedades físicas, excelentes características de combustão, sua facilidade de transporte e seu baixo preço, é muito usado como combustível residencial, comercial e industrial, e como matéria-prima para diversos processos químicos. A grande importância econômica do gás natural é permitir a propulsão do petróleo, quando a pressão natural nos depósitos se torna insuficiente e o petróleo precisa ser bombeado, o que torna o processo mais oneroso. As constantes físicas dos constituintes do gás natural são apresentadas no **Quadro 7.6**.

A medida da qualidade do gás natural é geralmente feita como Btu, *British thermal unit*, que é a unidade de medida que corresponde à energia suficiente para elevar de 1 °F uma libra de água, nas condições normais de temperatura e pressão. O gás natural é muito importante como fonte energética. Mil metros cúbicos de gás natural, em condições normais de temperatura e pressão, equivalem a 1 tonelada de petróleo quanto ao número de calorias.

As reservas provadas de gás natural no mundo são estimadas em 150 trilhões de metros cúbicos (**Quadro 7.7**), enquanto, no Brasil, essas reservas são da ordem de 240 bilhões de metros cúbicos (**Quadro 7.8**), predominantemente submarinas, destacando-se os Estados do Rio de Janeiro, da Bahia e do Espírito Santo, além das reservas subterrâneas do Estado do Amazonas. Cerca de 80% do gás natural existente no País está associado às jazidas de petróleo; sua utilização para fins energéticos limitaria a extração do petróleo das jazidas nacionais. Daí o interesse e a importância da utilização de gás natural boliviano.

Quadro 7.6
Constantes físicas dos constituintes do gás natural[*]

Constituinte	Ponto de ebulição (°C)	Densidade[***]	Calor de combustão (kJ/mol)[****]
Metano	– 161,5	$0,423^{-162}$	890,8
Etano	– 88,6	$0,545^{-89}$	1.560,7
Propano	– 42,1	$0,493^{25}$	2.219,2
Isobutano	– 11,7	$0,551^{25}$	2.869,0
n-Butano	– 0,5	$0,573^{25}$	2.877,6
Isopentano	27,8	$0,620^{20}$	3.528,8
n-Pentano	36,0	$0,626^{20}$	3.535,6
n-Hexano	68,7	$0,655^{25}$	4.194,8
n-Heptano	98,5	$0,684^{20}$	4.853,5
Dióxido de carbono	– 78,6[**]	$0,720^{25}$	---
Sulfeto de hidrogênio	– 59,4	---	---
Hélio	– 268,9	---	---
Nitrogênio	– 195,8	---	---

[*] Valores aproximados. [**] Com sublimação. [***] Os expoentes são relativos à temperatura (em °C) de determinação da constante física. [****] Medido a 298,15 K.
Fonte: *CRC Handbook of Chemistry and Physics*. CRC Press, 1995-1996.

Quadro 7.7
Reservas provadas de gás natural no mundo

N°	País	Reservas provadas (trilhão m³)	Percentual (%)
1	Federação Russa	47,6	30,7
2	Irã	23,0	14,8
3	Catar	14,4	9,3
4	Arábia Saudita	6,2	4,0
5	Emirados Árabes Unidos	6,0	3,9
6	Estados Unidos	5,0	3,2
7	Argélia	4,5	2,9
8	Venezuela	4,2	2,7
9	Nigéria	3,5	2,3
10	Iraque	3,1	2,0
11	Outros	37,6	24,2
Total		155,1	100,0

Fonte: *Gás Natural – Reservas*, http://www.gasenergia.com.br, acesso em março, 2004.

Quadro 7.8
Reservas nacionais de gás natural (2002)

Unidade da Federação	Tipo de terreno	Reservas provadas (bilhão m³)	Reservas totais (bilhão m³)
AL	Terra	4,7	7,6
	Mar	1,1	1,3
AM	Terra	47,9	85,1
	Mar	0,0	0,0
BA	Terra	17,2	23,8
	Mar	5,5	11,2
CE	Terra	0,0	0,0
	Mar	1,5	1,5
ES	Terra	1,8	2,0
	Mar	14,5	22,7
PR	Terra	0,0	0,3
	Mar	0,0	1,5
RJ	Terra	0,0	0,0
	Mar	114,9	145,5
RN	Terra	3,6	3,8
	Mar	15,3	15,6
SP	Terra	0,0	0,0
	Mar	3,9	3,9
SE	Terra	0,8	0,9
	Mar	3,9	5,1
Brasil	Terra	76,0	123,5
	Mar	160,6	208,3
Total		236,6	331,8

Fonte: Agência Nacional do Petróleo, 2003.

O carvão

Em termos gerais, o **carvão** pode ser definido como um material combustível sólido, poroso, negro, formado por uma mistura de componentes, podendo ser tanto de origem natural – carvão mineral – quanto fabricado a partir da madeira – carvão vegetal. Quando não se especifica o tipo do material, dizendo-se simplesmente "carvão", está, em geral, implícito que se trata de carvão mineral. Depois do petróleo, o carvão é a mais empregada fonte de energia no mundo.

Carvão mineral, ou **carvão de pedra**, ou **hulha**, é uma rocha orgânica, sedimentar, heterogênea, geralmente estratificada, porosa, negra ou negra-acastanhada, originada pelo acúmulo e soterramento de vegetação parcialmente decomposta em eras anteriores. O carvão mineral não é um hidrocarboneto; contém quantidades variáveis de carbono, hidrogênio e oxigênio e, em menor proporção, nitrogênio e enxofre. É formado na Natureza por processos geológicos (temperatura, pressão, tempo) a partir de material vegetal, pela ação de microorganismos em presença de água, sob condições primeiro aeróbicas, depois anaeróbicas, consistindo largamente de material carbonáceo e quantidades menores de substâncias inorgânicas. É o mais abundante combustível fóssil encontrado na Natureza.

Carvão vegetal é um material negro, poroso, contendo 85-95% de carbono, obtido pela destilação destrutiva da madeira a 500-600 °C em ausência de ar. A grande superfície interna lhe confere a propriedade de adsorção, que permite aos materiais aderirem à superfície dos poros. Seus principais usos são: desodorização do ar e descoloração e purificação da água. Por tratamentos químicos, a sua capacidade de adsorção pode ser aumentada, para servir como agente de filtração do ar em máscaras contra gases, para remoção de odores e vapores tóxicos.

O carvão é usado principalmente para combustão, como fonte de calor para produção de vapor, necessário à geração de eletricidade. Alguns tipos de carvão podem ser usados para a fabricação de coque metalúrgico, requerido como redutor na produção de ferro a partir do minério, óxido de ferro. Para a fabricação de 1 tonelada de carvão vegetal são necessárias 2,2 toneladas de toras de eucalipto, que é uma árvore de crescimento rápido da família das mirtáceas, gênero *Eucalyptus*. O carvão é ainda a base da fabricação de combustíveis líquidos e de toda uma indústria de compostos químicos aromáticos, a carboquímica.

Na Natureza, a transformação do material vegetal em carvão obedece à sequência: madeira, turfa, linhito, hulha, antracito. O **Quadro 7.9** mostra o poder calorífico, isto é, a quantidade de calor produzida quando a unidade de peso de um combustível é completamente queimada e os produtos de combustão são resfriados à temperatura original. Os valores se referem aos diferentes tipos de carvão mineral e são comparados ao valor médio da madeira (lenha). Nota-se a superioridade calorífera crescente dos carvões mais antigos, mais ricos em estruturas de hidrocarbonetos cíclicos polinucleares: a turfa, com 56-63% de carbono e poder calorífico de 4.950-5.600 kcal/kg, é o extremo inferior, e o antracito, com 92-94% de carbono e poder calorífico de 8.350-9.170 kcal/kg, está no extremo superior.

Quadro 7.9		
Poder calorífico dos diferentes tipos de material carbonáceo		
Material carbonáceo	Poder calorífico (kcal/kg)	Teor de carbono (%)
Madeira seca	4.710 - 5.085	49 - 50
Carvão vegetal	6.120 - 7.500	85 - 95
Turfa marrom	4.950 - 5.600	—
Turfa negra	5.300 - 5.630	56 - 63
Linhito marrom	5.720 - 6.280	65 - 69
Linhito negro	6.230 - 7.260	71 - 73
Hulha	8.210 - 8.400	82 - 89
Antracito	8.350 - 9.170	92 - 94

Fonte: Carvão, in *Enciclopédia Mirador Internacional*. São Paulo, Enciclopaedia Britannica do Brasil Publicação Ltda., vol. 5, p. 2130, 1995.

O **Quadro 7.10** apresenta os depósitos mundiais de carvão, tal como conhecidos em 1980, avaliados em mais de 10 bilhões de toneladas. Atualmente, a estimativa das reservas de carvão está acima de 8 trilhões de toneladas, das quais 97% estão no Hemisfério Norte. No Brasil, que não é um grande produtor, o carvão de melhor qualidade é encontrado no Estado de Santa Catarina, com poder calorífico de 5.600 kcal/kg. A idade geológica do carvão brasileiro é de 230-280 milhões de anos, na era paleozoica, período carbonífero.

O carvão é consumido em maior tonelagem do que a maioria das *commodities* produzidas pelo homem. As reservas de carvão excedem em muito as reservas conhecidas combinadas de todos os outros combustíveis. No futuro, quando o suprimento dos outros materiais se exaurir ou se tornar muito caro para que o crescimento industrial continue, o carvão será provavelmente usado em maiores quantidades.

O carvão é formado de vegetais parcialmente decompostos cuja composição foi posteriormente modificada pela ação de diversos agentes, físicos e químicos. Essas mudanças ocorrem em dois estágios diferentes, um bioquímico e outro dinâmico-mecânico ou geoquímico. Diferenças no material vegetal e no grau de sua decomposição durante o primeiro estágio determinam nos carvões a formação de tipos de rocha macroscópica, geralmente em camadas petrologicamente distinguíveis, que são os litotipos do carvão, denominados vitrênio, clarênio, durênio e fusênio.

O **vitrênio** resulta da decomposição parcial da lignina em águas estagnadas. Ocorre sob a forma de tiras ou lentículas, mantendo muitas vezes a estrutura celular da planta que deu origem ao fragmento. O material se apresenta com estrutura finamente estratificada e brilhante. O **clarênio** tem a mesma natureza do vitrênio, do qual se distingue visualmente ao microscópio óptico. O **durênio** é o carbono duro, proveniente de carvões formados em águas menos estagnadas, em condições aera-

Quadro 7.10 - Depósitos mundiais de carvão		
N°	País	Reservas estimadas (bilhão ton)
1	Federação Russa	4.860
2	Estados Unidos	2.570
3	China	1.438
4	Austrália	600
5	Canadá	323
6	Alemanha	247
7	Reino Unido	190
8	Polônia	139
9	Índia	81
10	África do Sul	72
11	Outros	229
Total		10.749

Fonte: R.A. Meyers, *Encyclopedia of Physical Science and Technology*. Orlando. Academic Press, 1987.

das, em que os tecidos vegetais são mais macerados e, assim, decompostos em maior grau. Os tecidos vegetais com alta concentração de esporos, cutículas e resinas favorecem a formação eventual de durênio. O **fusênio** é resultante de plantas lenhosas, por atividade seletiva química e bioquímica, provavelmente em ambiente seco.

A **turfa** tem como precursores os resíduos das plantas, como galhos, ramos, folhas, cascas, esporos e grânulos de pólen. Forma-se nos pântanos, que são o único ambiente natural em que não ocorre a decomposição completa de um vegetal. O grau de preservação depende de dois fatores: a resistência à decomposição inerente a cada componente da planta e a natureza da água do pântano. Se o material estiver exposto à atmosfera ou a águas muito aeradas, a ação destrutiva de fungos e bactérias é contínua e completa, mas é apenas parcial na água estagnada dos pântanos, que são o hábitat natural das bactérias anaeróbicas. Nessas condições, as proteínas, o amido da planta e, em certo grau, a celulose são prontamente decompostos, mas a lignina, que é uma macromolécula fenólica, reticulada, resiste. O metamorfismo da turfa em carvão ocorre graças à pressão e a um vagaroso aumento da temperatura por longos períodos de tempo. Esse tipo de metamorfismo é chamado **carbonificação**.

Linhito é o estágio de carbonificação que sucede à turfa. É um tipo de carvão jovem, com alto teor de oxigênio e baixo poder calorífico.

Antracito é o tipo de carvão da melhor qualidade, com teor de material volátil inferior a 10%. A sua formação decorre de metamorfismos produzidos pelo aumento da temperatura e da pressão durante o processo de geração das montanhas.

Os rios

Os **rios** constituem uma importante fonte de energia natural não poluente. A energia hidráulica tem como força motriz a água em movimento. A água de uma represa, constantemente renovada, é a fonte de energia mecânica que se converte em energia elétrica. O volume de água represada pode ser empregado para atividades de recreação. Rios que descem por rochas duras e resistentes formam uma série de cachoeiras em degraus, as cataratas. Em países mais adiantados, a energia hidrelétrica é utilizada como complemento de usinas termoelétricas, mais numerosas nesses países.

Embora a construção de uma usina elétrica seja de custo elevado, a grande quantidade de energia produzida torna viável a sua utilização. É necessário que as represas tenham em algum ponto um grande desnível para a instalação das turbinas, onde irá ocorrer a conversão da energia mecânica em elétrica. As usinas hidrelétricas são particularmente importantes em países com baixa disponibilidade de petróleo, gás natural ou carvão. Têm como inconvenientes os impactos ambientais devidos ao grande desmatamento e ao alagamento de vastas regiões, que modificam o clima da região e prejudicam a fauna e a flora.

Os maiores rios do mundo estão relacionados no **Quadro 7.11**. Os rios que correm em território brasileiro se encontram no **Quadro 7.12**, listados de acordo com

Quadro 7.11
Maiores rios do mundo

N°	Nome	País	Extensão* (km)	Bacia hidrográfica* (área, km²)	Vazão média* (m³/s)
1	Nilo	Egito	6.696	2.978.000	2.800
2	Amazonas	Brasil e Peru	6.571	5.846.100	207.000
3	Mississipi-Missouri	Estados Unidos	6.418	3.222.000	17.300
4	Obi-Irtysh	Federação Russa	5.150	2.978.440	12.500
5	Yang-tze-kiang	China	4.989	1.683.450	21.800
6	Amur-Kerulen	Federação Russa e China	4.670	2.083.300	11.000
7	Congo	República Democrática do Congo	4.667	401.400	39.600
8	Lena	Federação Russa	4.603	2.424.240	15.500
9	Yenissei	China	4.506	2.599.001	17.400
10	Mekong	China	4.500	810.000	11.000
11	Huang-ho	China	4.345	980.000	3.300
12	Níger	Mali e Nigéria	4.184	1.502.200	6.100

* Valores aproximados
Fonte: *Enciclopédia Mirador Internacional*. São Paulo, Encyclopaedia Britannica do Brasil Publicação Ltda., vol. 18, 1995.

Quadro 7.12
Rios de mais longo curso de água no Brasil

N°	Nome	Nascente	Foz	País	Extensão (km)
1	Amazonas	Peru	Oceano Atlântico	Peru, Brasil e Colômbia	7.025
2	Paraná	Brasil	Oceano Atlântico	Brasil, Paraguai, Uruguai e Argentina	4.025
3	Juruá	Brasil	Afluente do Rio Amazonas	Brasil e Peru	3.283
4	Madeira	Brasil	Afluente do Rio Amazonas	Brasil	3.240
5	Purus	Brasil	Afluente do Rio Amazonas	Brasil	3.210
6	São Francisco	Brasil	Oceano Atlântico	Brasil	3.161
7	Tocantins	Brasil	Oceano Atlântico	Brasil	2.640
8	Araguaia	Brasil	Afluente do Rio Tocantins	Brasil	2.630
9	Japurá	Brasil	Afluente do Rio Amazonas	Brasil	2.200
10	Uruguai	Brasil	Afluente do Rio da Prata	Brasil, Uruguai e Argentina	2.078
11	Paraguai	Brasil	Afluente do Rio Paraná	Brasil e Paraguai	2.020
12	Tapajós	Brasil	Afluente do Rio Amazonas	Brasil	2.000

Fonte: *Almanaque Abril 1990*. São Paulo, Editora Abril,1990; http://www.cbdb.org.br/texto/erton.pdf, acessado em maio, 2004.

sua extensão e vazão. As principais quedas-d'água do mundo se encontram relacionadas no **Quadro 7.13**. Pode-se verificar que o Brasil dispõe de uma ampla reserva hídrica, aproveitável na produção de energia elétrica.

A Usina Hidrelétrica de Itaipu, situada no rio Paraná é a maior hidrelétrica do mundo, com potência de 9.100 MW, podendo alcançar 12.600 MW, e supre 20% das

			Localização		Fluxo de água
Nº	Nome	Rio	País	Continente	(mil m³/s)
1	Sete Quedas	Paraná	Brasil	América do Sul	13.301
2	Niagara	Niagara	Canadá/Estados Unidos	América do Norte	6.000
3	Paulo Afonso	São Francisco	Brasil	América do Sul	2.830
4	Urubupungá	Paraná	Brasil	América do Sul	2.745
5	Iguaçu	Iguaçu	Brasil/Argentina	América do Sul	1.743
6	Patos-Marimbondo	Grande	Brasil	América do Sul	1.500
7	Churchill	Churchill	Canadá	América do Norte	1.132
8	Victoria	Zambeze	Zimbábue/Zâmbia	África	1.087
9	Kileteur	Potaro	Guiana	América do Sul	662

Quadro 7.13
Principais quedas-d'água do mundo

Fonte: *Almanaque Abril 1990*, São Paulo, Editora Abril, 1990.

			Potência (MW)	
Nº	Usina hidrelétrica	País	Atual (1990)	A ser alcançada
1	Itaipu	Brasil/Paraguai	9.100	12.600
2	Grand Coulee	Estados Unidos	6.430	10.080
3	Gurí	Venezuela	2.800	10.060
4	Tucuruí	Brasil	3.960	6.480
5	Sayano-Shushensk	Federação Russa	6.400	6.400
6	Krasnoyarsk	Federação Russa	6.096	6.096
7	Corpus	Argentina/Paraguai	—	6.000
8	La Grande 2	Canadá	2.000	5.328
9	Churchill Falls	Canadá	5.225	5.225
10	Bratsk	Federação Russa	4.100	4.600

Quadro 7.14
Maiores usinas hidrelétricas do mundo

Fonte: *Almanaque Abril 1990*. São Paulo, Editora Abril,1990.

necessidades energéticas do Brasil (**Quadro 7.14**). Foi construída em sociedade entre o Brasil e o Paraguai.

O aproveitamento da energia hidráulica exige algumas considerações preliminares. São aspectos relevantes: a precipitação pluviométrica, que é sujeita a variações sazonais; a situação geográfica, com temperaturas moderadas, sem congelamento periódico, e que ofereça locais estreitos e desnível alto, para causar pouca inundação; o número de rios que irão abastecer a represa; a densidade demográfica, que deve ser baixa na região da qual será deslocada a população para permitir a inundação da área.

O Brasil é um dos países que mais podem aproveitar a energia hidrelétrica, em vista de sua situação geográfica privilegiada. A hidrelétrica é a principal fonte de energia no Brasil, representando cerca de 84% do total. Outros países de grandes dimensões, como os Estados Unidos, a Federação Russa, a China e o Canadá, dispõem também de excelentes possibilidades.

Bibliografia recomendada

- *Almanaque Abril 1990*, Editora Abril, São Paulo (1990).
- *British Petroleum Statistical Review of World Energy* (1995).
- *CRC Handbook of Chemistry and Physics*, CRC Press (1995-1996).
- *Enciclopédia Mirador Internacional*, Enciclopaedia Britannica do Brasil Publicação Ltda., São Paulo, vol. 5 (1995), p. 2130.
- *Enciclopédia Mirador Internacional*, Enciclopaedia Britannica do Brasil Publicação Ltda., São Paulo, vol. 8 (1995).
- *Enciclopédia Mirador Internacional*, Enciclopaedia Britannica do Brasil Publicação Ltda., São Paulo vol. 10 (1995), p. 5120.
- *Enciclopédia Mirador Internacional*, Enciclopaedia Britannica do Brasil Publicação Ltda., São Paulo (1995), p. 5867-5869.
- Kirk-Othmer *Encyclopedia of Chemical Technology*, vol. 10, Interscience Publishers, Nova York (1966), p. 443.
- Meyrs, R.A. *Encyclopedia of Physical Science and Technology* Academic Press, Orlando (1987).
- LaRovere E.L. & Lima, M.Q. *Impactos ambientais de projetos energéticos*, UFRJ, Rio de Janeiro (1993).
- Revista *Veja Ao vencedor, o petróleo*, Editora Abril, São Paulo, 12/2/2003, p. 48-49.
- http://wci.rmid.co.uk/uploads/unep.pdf, acessado em março, 2003.
- http://www.naturalgas.org/overview/background.asp, acessado em março, 2003.
- http://www.mulheresnegras.org/marroc.html, acessado em maio, 2003.
- http://www.mct.gov.br/clima/comunic_old/carvao2.htm, acessado em maio, 2003.
- http://www.dep.fem.unicamp.br/boletim/BE26jun_27_7_.html, acessado em março, 2003.
- http://www.gasenergia.com.br, acessado em março, 2003.
- http://www.dep.fem.unicamp.br, acessado em março, 2003.
- http://www2.petrobras.com.br/tecnologia/portugues/aguas_profundas/aguas.stm, acessado em março, 2003.
- http://www.mar_alto.com, acessado em março, 2003.
- http://www.pick-upau.com.br/MUNDO/carvao/carvao.htm, acessado em maio, 2003.
- http://www.cbdb.org.br/texto/erton.pdf, acessado em maio, 2004.

OUTRAS FONTES DE ENERGIA

8

As fontes alternativas de energia

Algumas fontes alternativas de energia natural já bastante desenvolvidas e aplicadas em muitos países, como os ventos, o Sol e a biomassa, são matérias-primas renováveis; o urânio, energia físsil, não é renovável. A energia dos oceanos, a geotermia e o hidrogênio, que também são fontes renováveis, estão ainda em fase de desenvolvimento e têm boas perspectivas para o futuro.

Os ventos

Além de desempenharem papel relevante nas características climáticas do planeta, conforme já discutido no **Capítulo 4**, os **ventos** são uma abundante fonte de energia renovável, limpa e disponível em qualquer lugar. Embora seja uma fonte de energia intermitente, o comportamento do vento pode ser previsto; seu aproveitamento em escala comercial já vem sendo feito há décadas.

Os ventos são gerados pela diferença de temperatura da terra e das águas, das planícies e das montanhas, das regiões equatoriais e dos polos do planeta Terra. A quantidade de energia varia de acordo com as estações do ano e as horas do dia. A topografia e a rugosidade da superfície também têm grande influência na ocorrência dos ventos e em sua velocidade.

Apesar de não emitirem poluentes tóxicos, as fazendas eólicas determinam alguns impactos ambientais, pois alteram a paisagem, podem ameaçar pássaros, se instaladas em sua rota de migração, emitem ruído de baixa frequência que pode causar incômodo e são responsáveis por interferência na transmissão do sinal de televisão.

Uma vantagem da energia dos ventos sobre a hidrelétrica é que quase toda a área ocupada por uma central eólica pode ser utilizada para agricultura, pecuária ou preservação ambiental.

Os moinhos de vento são conhecidos há muito tempo. Foram inventados na Pérsia, no século V, e eram empregados para bombear água para irrigação. Têm quatro, cinco ou seis pás, que devem ser pequenas e instaladas em lugares altos, para maior eficiência do processo. As hélices de uma turbina de vento são diferentes das pás dos antigos moinhos: têm o formato de asas de avião.

O uso dos ventos como fonte alternativa de energia vem aumentando a cada ano. A viabilidade econômica de um projeto eólico depende de valores confiáveis sobre a velocidade do vento. Ventos com velocidade média superior a 27 quilômetros por hora são adequados para esses projetos.

Existem atualmente cerca de 30 mil turbinas eólicas de grande porte em operação no mundo, especialmente na Europa, com capacidade média instalada superior a 13.000 MW. No Brasil, a capacidade instalada é de apenas 20 MW, com usinas eólicas de médio e grande porte, conectadas à rede elétrica, e ainda dezenas de pequeno porte, aplicadas em bombeamento, carregamento de baterias, telecomunicações e eletrificação rural. Os Estados do Ceará e de Pernambuco vêm desenvolvendo trabalhos interessantes no campo da energia eólica.

A energia gerada por uma turbina eólica moderna está relacionada ao cubo da velocidade do vento. Na prática, é proporcional apenas ao quadrado dessa velocidade. Assim, uma localidade com ventos que atinjam o dobro da velocidade de um outro local poderá gerar o quádruplo de energia. As turbinas eólicas mais comuns em operação comercial têm uma potência média de 600 kW. O **fator de capacidade** de uma turbina eólica moderna está na faixa de 20% a 40%; esse fator equivale à percentagem do tempo durante o qual a turbina está gerando energia em sua capacidade nominal.

O Sol

Conforme já comentado nos **Capítulos 1** e **4**, o **Sol** é a fonte de luz e calor responsável pela vida na Terra.

A **energia solar** é abundante e permanente, renovável a cada dia, sem poluir nem prejudicar o ecossistema. A energia solar é ideal para áreas afastadas dos grandes centros e ainda não eletrificadas, especialmente em um país como o Brasil, onde se encontram bons índices de insolação em qualquer parte do território.

A intensidade média anual da radiação, medida fora da atmosfera em um plano normal à radiação, é de cerca de 1,94 cal/min.cm^3. O total de energia solar que atinge a Terra é enorme. Em um dia ensolarado de verão, a energia que chega ao telhado de uma casa popular de tamanho médio seria mais do que suficiente para atender às necessidades energéticas da casa por 24 horas. Cada metro quadrado de coletor solar permite economizar 55 kg de gás liquefeito de petróleo (GLP) por ano, ou evitar a inundação de 55 m^2 de área florestal para a geração de energia elétrica, ou eliminar o consumo anual de 215 kg de lenha.

A **Figura 8.1** mostra a frequência das radiações emitidas pelo Sol, de 10° — isto é, de 1 a 10^{22} Hz. Essas radiações compreendem o infrassom, som, ultrassom, ondas de rádio AM (amplitude modulada), ondas curtas de rádio, ondas de televisão e rádio FM (frequência modulada), radar, raios infravermelhos, luz visível, raios ultravioleta, raios X, raios gama e raios cósmicos. As ondas de ultrassom, de frequência entre 20.000 e 1 milhão Hz, são inaudíveis pelo homem, embora audíveis por alguns animais. As vibrações com frequência menor que 1.000 Hz também não são audíveis pelo homem. Ficam assim reveladas as limitações acústicas do ser humano, dentro da imensa escala sideral. Ainda na mesma figura, pode-se avaliar a estreita faixa de percepção visual humana: apenas uma janela de frequência próxima a 100 trilhões Hz, correspondendo a comprimentos de onda de 390 nm a 780 nm, dentro do espectro visível.

O **Quadro 8.1** mostra a classificação internacional das radiações solares na faixa de 100 a 1.000.000 nm. Quanto menor o comprimento de onda, maior a quantidade de energia gerada; abaixo de 380 nm, que é o limite do espectro eletromagnético visível, surgem as radiações ultravioleta, nas sub-regiões UV-A, entre 315 e 380 nm, UV-B, entre 280 e 315 nm, e UV-C, entre 100 e 280 nm. A região do infravermelho, correspondente às radiações calóricas, de comprimentos de onda acima de 750 nm, compreende 3 sub-regiões: IR-A, entre 750 e 1.400 nm; IR-B, entre 1.400 e 3.000 nm; e IR-C, acima de 3.000 nm.

A **Figura 8.2** apresenta a distribuição da energia do espectro solar que atinge a superfície terrestre, verificada em Miami, nos Estados Unidos, medida a 45 °S, em 2/3/1984, que é geralmente tomada como padrão para comparação.

A região do espectro eletromagnético visível vai de 380 nm, onde se inicia a absorção das radiações violeta, prossegue com a absorção do anil, depois do azul, do azul--esverdeado, do verde, do amarelo-esverdeado, do amarelo, do laranja, do vermelho--alaranjado e, finalmente, do vermelho, em 750 nm. A partir daí, começa a região de absorção no infravermelho, de comprimentos de onda maiores. As cores observadas pela visão humana são complementares das cores absorvidas. Assim, a cor absorvida azul corresponde à cor visível amarela, e vice-versa. Há uma variação nos limites de comprimentos de onda estabelecidos para as cores e também para suas denominações, conforme a fonte consultada, o que é compreensível, uma vez que a sensação de visão envolve muitos fatores, inclusive neurológicos e psicológicos, de caráter individual. A presença de cor em uma substância está associada à sua estrutura química.

A energia solar pode ser utilizada sob a forma fototérmica ou sob a forma fotovoltaica. A **energia solar fototérmica** está diretamente ligada à energia que um derminado corpo pode absorver sob a forma de calor, quando exposto à radiação solar. Para sua utilização é necessário saber captá-la e armazená-la. Os **coletores solares** são equipamentos cujo fim específico é utilizar a energia solar fototérmica, graças ao aquecimento de fluidos, líquidos ou gasosos, mantidos em reservatórios termica-

Figura 8.1
Frequência das radiações luminosas e acústicas do espectro eletromagnético solar.

Fonte: Disponível em www.sobrenatural.org/site/profecias/FD_raios_gama/Introducao.asp, acessado em julho, 2004.

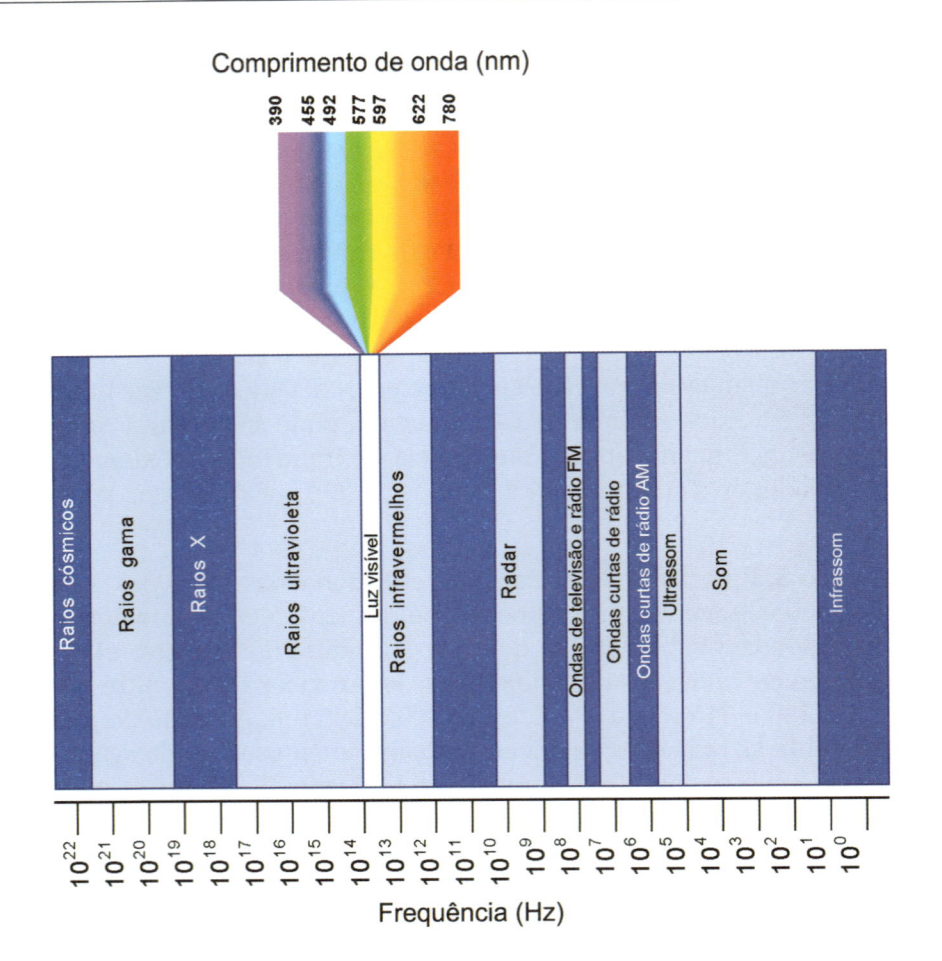

Quadro 8.1		
Classificação internacional das radiações solares na faixa de 100 a 1.000.000 nm		
Região	Comprimento de onda (nm)	Subdivisões
Ultravioleta (UV)	100 a 280	UV-C
	280 a 315	UV-B
	315 a 380	UV-A
Luz visível (Vis)	380 a 440	Violeta
	440 a 495	Azul
	495 a 580	Verde
	580 a 640	Amarelo
	640 a 750	Vermelho
Infravermelho (IR)	750 a 1.400	IR-A
	1.400 a 3.000	IR-B
	3.000 a 1.000.000	IR-C

Fonte: R. Gächter, H. Müller & P.P. Klemchuk – *Plastics Additives Handbook*, Nova York, Hanser Publishers, 1990.

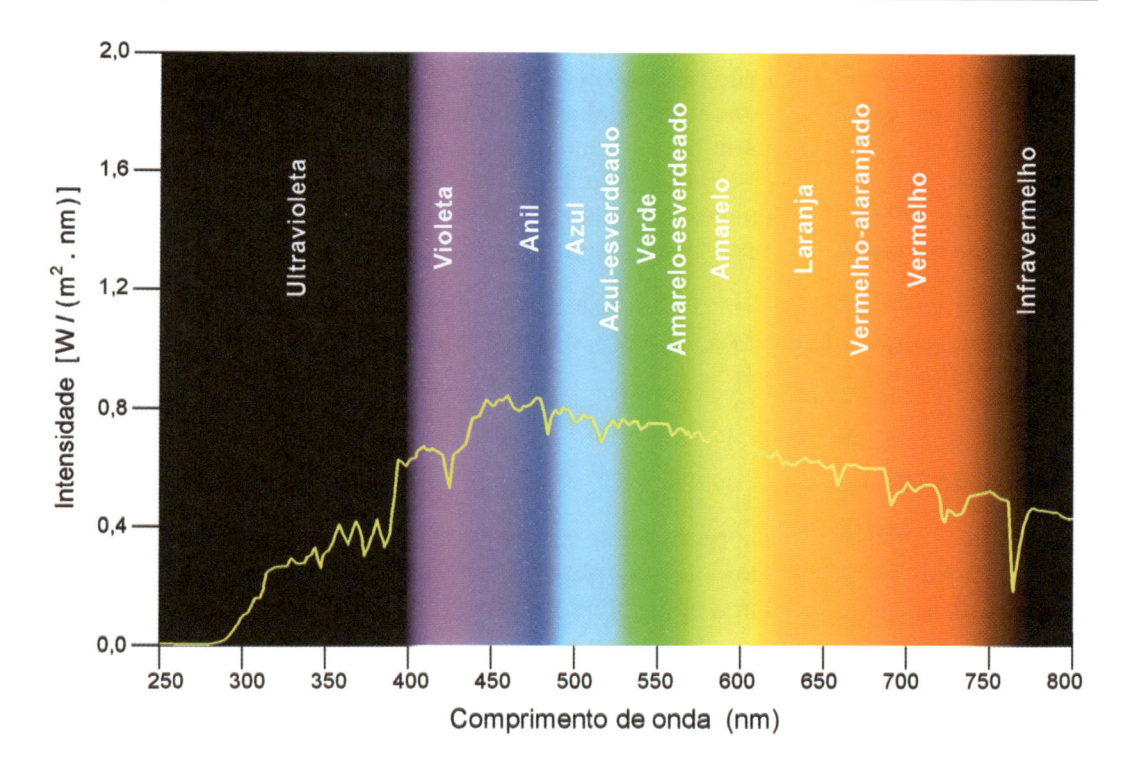

Figura 8.2
Distribuição de energia do espectro solar que atinge a superfície terrestre*.
* Luz solar média ótima de Miami, como radiação solar direta, medida a 45º Sul.

Fonte: Adaptado de *Boletim Técnico Ciba-Geigy Química S/A*, Divisão Aditivos. São Paulo, sem data.

mente isolados até seu uso final, como água para banho, ar quente para a secagem de grãos, gases para o acionamento de turbinas etc. A **energia solar fotovoltaica** é resultado da conversão direta da luz em eletricidade, isto é, do efeito fotovoltaico, que se manifesta por uma diferença de potencial elétrico nos extremos de uma estrutura de material semicondutor, que é a **célula fotovoltaica**, produzida pela absorção da luz.

As células fotovoltaicas, adaptadas à necessidade do usuário, são colocadas em módulos, integrados às construções. Os módulos são parte de um sistema que pode incluir baterias, estruturas e controladores eletrônicos. É possível construir um sistema para aquecer a água de uma casa, por exemplo, ou sistemas maiores, para abastecer comunidades ou gerar energia para um posto de saúde.

O custo da energia solar vem caindo rapidamente à medida que se desenvolve a tecnologia. A capacidade instalada de sistemas de captação de energia solar é de 1.200 MW. Vale ressaltar que esses sistemas praticamente não apresentam riscos ambientais – geralmente não são necessárias a aprovação de projeto nem a avaliação do impacto ambiental. Entretanto, essa tecnologia ainda é cara, o que a torna menos competitiva, a não ser no caso da energia solar utilizada para aquecimento de água em comunidades isoladas, distantes da rede elétrica e que necessitam de quantidades relativamente pequenas de energia – isto é, menos de 10 kW. Assim como o vento, o Sol é uma fonte inconstante de energia que requer um sistema de baterias para torná-la eficiente. A tecnologia vem avançando e consegue – cada vez mais – captar a energia, mesmo em dias nublados.

A energia solar possui muitas vantagens sobre as outras fontes energéticas por não ser poluente, não contribuir para o efeito estufa e não precisar de turbinas ou geradores para a produção de energia elétrica. Entretanto, tem como desvantagem ambiental a sombra provocada pelas grandes placas que captam os raios solares, as quais impedem o desenvolvimento de plantações e de animais nas áreas utilizadas, já que os seres vivos também necessitam da energia solar para sua sobrevivência. Além disso, exige altos investimentos para o seu aproveitamento.

Uma característica própria da energia solar é permitir estender o progresso ao mundo todo, sem comprometer o futuro, e tornar possível, algum dia, a conquista do desenvolvimento sustentável.

A biomassa

Biomassa é um termo genérico que se refere ao conjunto de recursos biologicamente renováveis, originados de material vegetal, suscetíveis à transformação em energia útil, tal como o calor, a eletricidade e a força motriz. Esses recursos têm origem diversificada: resíduos industriais e agrícolas, sobras de madeira de operações florestais, resquícios de plantações, plantas energéticas, como a cana-de-açúcar e os cereais, plantas oleaginosas etc. Essas fontes podem não ser suficientes para assegurar uma operação contínua e a sua disponibilidade pode ser afetada por eventos naturais como o clima e as pragas. Cerca de 10% da energia produzida hoje no Brasil é proveniente da biomassa; ela já é a terceira principal fonte de energia no País, ficando atrás apenas do petróleo e da energia hidrelétrica.

A biomassa pode ser transformada em bioenergia por meio de um grande número de processos que utilizam diferentes tecnologias: combustão, fermentação, produção de combustíveis, gaseificação etc.

A **combustão** de restos de madeira em caldeiras e fornos libera calor que pode gerar eletricidade, aproveitável nas indústrias de madeira. A **fermentação** é a desintegração da biomassa por uma bactéria anaeróbica para formar uma mistura de metano e dióxido de carbono; esse **biogás** é usado para a geração de eletricidade. A fermentação é muito útil em indústrias: esse processo é aplicado no tratamento dos efluentes para purificá-los. Pode-se até conseguir que o biogás atinja a qualidade do gás natural. A **produção de substâncias líquidas** pode ser feita graças à conversão biológica de açúcares de cana e de beterraba em álcool pela ação de bactérias. Pode ser conseguida ainda pela extração de sementes para obtenção de produtos com muita energia, como o biodiesel, ou pela conversão térmica, que consiste na decomposição de material vegetal na ausência de oxigênio e sob temperaturas elevadas. Dependendo das condições do processo, é produzida uma mistura de combustíveis líquidos e gasosos. Esse último processo é muito usado no Brasil para a produção de álcool combustível. Já a **gaseificação** é a conversão de biomassa em combustível gasoso; os principais produtos visados são o hidrogênio e o monóxido de carbono, que são usados tanto na geração de energia quanto na indústria química. A maioria das técnicas de gaseificação ainda está em estágio de desenvolvimento.

Outra forma de utilização de biomassa é pela **compactação** de resíduos de origem agroindustrial a elevadas pressões, para a formação de **briquetes**. A densificação dos resíduos por esse processo de briquetagem é provocada pelo aumento da temperatura, o que leva à "plastificação" da lignina, macromolécula natural que atua como elemento aglomerante das partículas de madeira. O briquete é uma lenha de alta qualidade, porque tem densidade elevada, o que facilita a armazenagem e o transporte, barateando o custo. Nos grandes centros, capitais e cidades, o briquete tem papel de destaque, competindo diretamente com a lenha e o carvão vegetal.

Historicamente, a **cana-de-açúcar** (*Saccharum officinarum*, da família das gramíneas) é um dos principais produtos agrícolas do País, sendo cultivada desde a época da colonização. É considerada no Brasil como o principal tipo de biomassa energética, base para todo o agronegócio sucroalcooleiro, representado por 350 indústrias de açúcar e álcool em território nacional. No processo de industrialização, obtêm-se como produtos o açúcar e o etanol, e como subprodutos, o vinhoto e o bagaço.

A cana-de-açúcar contém cerca de 74,5% de água, 14,0% de açúcares (12,5% de sacarose, 0,9% de dextrose e 0,6% de levulose) e 10,0% de fibras celulósicas; o restante, 1,5% consiste de sais minerais, compostos nitrogenados, ceras, pectina etc. A cana cortada é submetida a esmagamento em moendas, resultando o caldo, utilizado para a obtenção do açúcar, por concentração, ou usado na preparação do mosto a ser fermentado, para a produção do etanol. O resíduo da moagem é o bagaço. O resíduo da destilação do mosto fermentado é o vinhoto.

O açúcar é produzido por processos industriais que envolvem aquecimento a pressão reduzida, até que a concentração de sacarose no caldo atinja níveis que permitam a cristalização. Obtém-se o **açúcar cristal**, que é purificado, resultando o **açúcar refinado**, muito branco e puro. Resta um líquido escuro, viscoso, conhecido como **melaço**, que contém aproximadamente 20% de água, 62% de açúcares, 8% de cinzas, 3% de compostos nitrogenados e 7% de outros produtos, como gomas. Em termos gerais, pode-se dizer que o melaço é um resíduo vegetal rico, que concentra 50% de açúcares fermentáveis pela ação de leveduras, geralmente o *Saccharomyces cerevisiae*, que produz o álcool. É por meio da destilação do mosto fermentado que se obtém o etanol, em grau maior ou menor de concentração. Tanto o caldo de cana quanto o próprio açúcar podem ser também usados para a fabricação do etanol porém, nesse último caso, é necessário acrescentar nutrientes ao mosto para que se obtenha uma boa fermentação alcoólica.

O líquido residual, após a destilação do álcool, é o **vinhoto**, que é uma solução aquosa ácida, escura, contendo cerca de 8% de sólidos totais, dos quais aproximadamente 6% é formado por material orgânico. Dentre os compostos inorgânicos presentes, incluem-se sulfatos, fosfatos e nitratos de potássio, cálcio e magnésio.

O vinhoto é produzido em imensas quantidades, apresentando um sério problema para a sua destinação, pois não pode ser aplicado diretamente sobre o solo porque pode causar acidificação e erosão, resultando em áreas desérticas. O **bagaço** da cana é composto de fibras, com cerca de 44% de celulose, 27% de hemicelulose e 22%

de lignina. Geralmente é empregado como ração para o gado ou como combustível para as caldeiras do próprio engenho. Pode também ser aplicado na construção civil, como painéis prensados.

A cinza do bagaço que resta nas fornalhas é desperdiçada. No entanto, é nela que estão os nutrientes minerais que estavam no bagaço, com exceção da parte removida na fumaça. Essa cinza precisa ser devolvida à lavoura, para recompor os nutrientes do solo. Já os elementos carbono, oxigênio e hidrogênio, presentes no açúcar e no álcool e retirados do ar e da água, não precisam retornar ao solo.

O bagaço da cana mostrou-se eficiente na produção de energia térmica, nas próprias usinas do setor sucroalcooleiro. A queima desse bagaço fornece energia para as usinas, e o restante – em alguns casos – é vendido para uso em termoelétrica. De acordo com vários estudos realizados, o potencial de geração de eletricidade no Brasil a partir do bagaço está estimado em aproximadamente 4.000 MW, com as tecnologias comercialmente disponíveis. As alterações nas regras de mercado de energia elétrica podem ser atrativas para o setor sucroalcooleiro, que vem experimentando mudanças e acompanhando pouco a pouco o desenvolvimento tecnológico, para aumentar sua produção de eletricidade.

O **Proálcool**, Programa Nacional do Álcool, representa o maior projeto comercial de utilização de biomassa para produção de energia do mundo. Foi criado nas décadas de 70 e 80 com o objetivo de substituir a gasolina nos veículos leves, como parte das providências adotadas pelo governo para reduzir o impacto da alta do preço do petróleo. Os estímulos fiscais e econômicos oferecidos ao Proálcool, o interesse das indústrias automobilísticas e de bens de capital, bem como o apoio surgido com o aumento da preocupação ambiental, especialmente nos grandes centros, garantiram o sucesso do programa. A fabricação do álcool combustível cresceu rapidamente e, em 1985, os carros movidos a álcool representavam 96% da produção nacional. Com a redução do preço do petróleo, a partir de 1986, e por consequência da gasolina, o álcool combustível perdeu competitividade, apesar dos bons resultados do programa. A necessidade de manter o preço do álcool muito mais baixo do que o da gasolina passou a exigir subsídios cada vez mais altos para sustentar o Proálcool, cuja produção, hoje, é muito menor que na década de 80. A elevação dos preços internacionais do petróleo pode criar perspectivas promissoras para o álcool combustível.

Outras pesquisas realizadas, com o objetivo de substituir os combustíveis à base de petróleo de forma parcial ou integral, envolvem a utilização de óleos de origem vegetal para a produção de **biodiesel**. Sendo um recurso renovável, o uso desses óleos implicam vantagens nos aspectos ambientais, sociais e econômicos, e pode ser considerado um importante fator de viabilização do desenvolvimento sustentável, especialmente em comunidades rurais.

O Brasil dispõe de uma grande diversidade de espécies vegetais oleaginosas das quais se pode extrair óleo para fins energéticos. Tais espécies podem ser de origem nativa, como o buriti (*Mauritia vinifera*, da família das palmáceas), o babaçu (*Orbignya martiana*, uma palmácea) e a mamona (*Ricinus communis*, da família das euforbiáceas), ou de cultivo de ciclo curto, como a soja (*Glycine hispida*, da família das leguminosas) e o amendoim (*Arachis hypogaea*, uma leguminosa), ou de ciclo longo ou perene, como o dendê (*Elaeis guineensis*, da família das palmáceas).

Os óleos vegetais podem ser usados *in natura* ou modificados por processos físicos ou químicos. No primeiro caso, podem ser queimados em motores multicombustíveis para geração de eletricidade. Já no segundo caso, a modificação dos óleos pode ser realizada por processos químicos, como a transesterificação, na qual são transformados em ésteres, gerando como subproduto a glicerina.

Experiências brasileiras e internacionais demonstram a viabilidade técnica e ambiental para a utilização de ésteres a partir de óleos vegetais, puros ou misturados com óleo diesel, em motores automotivos. Tais pesquisas ganharam novo impulso graças ao Programa Brasileiro de Biodiesel (Probiodiesel). A meta do programa é a adição do biodiesel ao diesel em níveis progressivos de mistura.

O urânio

O **urânio** é um combustível nuclear, encontrado em rochas sedimentares na crosta terrestre, sob a forma de íon tetravalente, como óxido ou fosfato, na pechblenda, uraninita, carnotita, autunita, davidita, torbernita e no uranofano. O urânio de ocorrência natural tem 14 isótopos radioativos, com uma riqueza média de 99,3% em ^{238}U e 0,7% em ^{235}U. Embora não seja um elemento excessivamente raro na Natureza, depósitos de concentração suficientemente alta para ter valor comercial são pouco comuns; a mistura de rochas sedimentares é comercializada como concentrados de U_2O_3, sob o nome de *yellow cake*.

Isótopos são átomos que têm o mesmo número atômico e, portanto, o mesmo lugar na classificação periódica dos elementos, embora com massas atômicas diferentes. As forças que mantêm os prótons e nêutrons em um núcleo são forças nucleares, de interação forte.

Os núcleos de certos isótopos de elementos pesados, de número atômico 92 (urânio) em diante, são físseis. **Fissão** é a divisão de um núcleo atômico em dois fragmentos, com emissão de radiação gama e de nêutrons.

A fissão pode ser espontânea ou provocada, pela captura de uma partícula. A captura de nêutrons por um núcleo de urânio 235 é acompanhada pela emissão de novos nêutrons; essa reação é a base do funcionamento dos reatores nucleares. Os nêutrons liberados em cada fissão provocam novas fissões e assim a reação nuclear é uma reação em cadeia. O processo é acompanhado de um grande desprendimento de energia. Para os reatores nucleares, são empregados os isótopos de **urânio 233**, $^{233}U_{92}$, e **urânio 235**, $^{235}U_{92}$, e de **plutônio 239**, $^{239}Pu_{94}$. A energia resultante liberada por átomos é cerca de duas ordens de grandeza maior do que as energias de decaimento nuclear simples, pela liberação de partículas beta ou alfa; o decaimento nuclear, por sua vez, libera energia cerca de seis ordens de grandeza maior do que em uma reação química. Assim, a energia associada às reações nucleares é medida em milhões de elétrons-volt (MeV) por átomo, enquanto que, para a formação de uma molécula de água, a energia liberada tem o valor de 2,5 eV.

A fissão de 1 grama de urânio libera energia equivalente à energia obtida pela queima de 2,5 toneladas de carvão mineral. Parte da massa do núcleo que sofre o processo de fissão se transforma em energia; é a **energia atômica.**

Na fissão nuclear, os nêutrons formados são absorvidos por todos os átomos, em grau maior ou menor do que o seriam por núcleos físseis, de modo que o planejamento de um reator nuclear envolve, em parte, a segurança de que as absorções excessivas de nêutrons pelos átomos do refrigerante, do condutor ou de outro material não físsil, não cheguem a impedir o prosseguimento da reação em cadeia.

Reatores nucleares permitem obter energia muito barata desde que seja gerada em centrais muito grandes. A tecnologia de reatores nucleares está muito relacionada à transferência de calor, a mudanças nos materiais estruturais e de refrigeração, graças ao bombardeio de raios gama e de partículas nucleares, e ao problema de limitar a liberação de substâncias radioativas para o ambiente.

Os **elementos radioativos** produzidos em uma usina nuclear são gerados de duas formas distintas: por **fissão nuclear** ou **ativação por nêutrons**. As etapas de fabricação do combustível nuclear por fissão são condensadas a seguir:

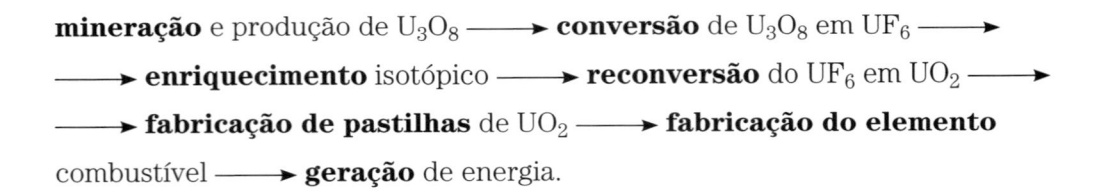

mineração e produção de $U_3O_8 \longrightarrow$ **conversão** de U_3O_8 em $UF_6 \longrightarrow$

$\longrightarrow$ **enriquecimento** isotópico $\longrightarrow$ **reconversão** do UF_6 em $UO_2 \longrightarrow$

$\longrightarrow$ **fabricação de pastilhas** de $UO_2 \longrightarrow$ **fabricação do elemento**

combustível $\longrightarrow$ **geração** de energia.

O minério de urânio U_3O_8 extraído das jazidas vem sob a forma de *yellow cake*. As reservas de urânio conhecidas no mundo, viáveis de exploração comercial, são de 2,7 milhões de toneladas de U_3O_8. Dessas reservas, 85% se encontram em seis países: Casaquistão, Austrália, Nigéria, África do Sul, Canadá e Brasil. O Brasil possui a sexta maior reserva do mundo, cerca de 300.000 toneladas de U_3O_8, que representam 11% do total mundial. As maiores jazidas de urânio brasileiras estão localizadas em Itatiaia, CE (142.000 toneladas), com o mineral associado a fosfato e a rochas ornamentais economicamente exploráveis; em Lagoa Real, BA (93.000 toneladas); existem jazidas menores, como Gandarela, MG, onde há ouro associado a urânio, e outras. As reservas mundiais, recuperáveis com custo viável em 1998, estão apresentadas no **Quadro 8.2**.

O combustível nuclear é o dióxido de urânio, **UO_2**, enriquecido a 3% de isótopo radioativo [235]U. O calor é produzido pela energia liberada no processo de fissão do combustível e transferido à água pressurizada que circula pelo núcleo do reator. Cada elemento combustível é constituído de varetas feitas de uma liga de zircônio e alumínio, que contêm as pastilhas cilíndricas de UO_2, com 1 cm de diâmetro e 1 cm de altura.

Quadro 8.2 Reservas mundiais de urânio (1998)			
Nº	País	Continente	Urânio (tonelada U_3O_8)
1	Casaquistão	Ásia	957.000
2	Austrália	Oceania	910.000
3	África do Sul	África	369.000
4	Estados Unidos	América do Norte	355.000
5	Canadá	América do Norte	332.000
6	Brasil	América do Sul	309.000
7	Namíbia	África	287.000
8	Outros países	—	897.000
Total			4.416.000

Fonte: http://www.inb.gov.br/reservasmundiais.asp, acessado em julho, 2004.

A empresa que faz a mineração também beneficia o urânio e o coloca, sob a forma de pastilhas de 1 cm de diâmetro, dentro de uma vareta metálica de 4 metros de comprimento. Essas varetas, montadas em feixe dentro de uma estrutura apropriada, são o elemento combustível que alimenta a usina.

Uma usina como Angra 1 leva 121 desses elementos combustíveis. Atualmente, a energia nuclear participa com 17% do total de 12 trilhões de kWh da energia elétrica produzida mundialmente.

Como o isótopo ^{235}U, gerador de energia, é o isótopo de urânio mais raro — 0,7% em relação ao urânio total — a reação em cadeia não se mantém em regime contínuo. Para sua utilização em usinas nucleares, é necessário enriquecer o isótopo ^{235}U para cerca de 5%. Na situação extrema, com a proporção de isótopo superenriquecida a 90%, a reação se torna explosiva: é a bomba atômica. Deve-se observar que, para ambos os fins, a fabricação de energia ou de bomba atômica, é necessário o enriquecimento artificial do urânio natural.

No Brasil, o processo usado para o enriquecimento do urânio é a centrifugação. Transforma-se o minério de urânio em um composto gasoso, o UF_6, que é colocado num cilindro posto a girar em alta velocidade. As moléculas correspondentes ao isótopo mais pesado, ^{238}U, tendem a se posicionar na periferia do cilindro em movimento; consequentemente, na região central do cilindro, aumenta a proporção do isótopo mais leve, ^{235}U. Separa-se o UF_6 concentrado nessa região central da centrífuga, já parcialmente enriquecido (em torno de 0,8%), e com ele se repete o processo, aumentando a concentração, como, por exemplo, para 0,9%, e assim por diante. Nesse ritmo, depois de meia centena de ciclos, chega-se à proporção desejada de 5%.

No entanto, gasta-se energia elétrica para fazer girar o cilindro. É necessário otimizar esse processo de centrifugação, sob pena de se gastar energia elétrica em quantidade maior que aquela gerada pelo produto final. Essa otimização envolve aumento da velocidade de giração, diminuição do atrito nos mancais, com tecnologias sofisticadas, mantidas em segredo pelos países que as detêm. Quanto mais eficiente for essa otimização, mais barato será o combustível produzido.

O mesmo processo de centrifugação, otimizado de forma eficiente ou não, pode ser utilizado para enriquecer a proporção do isótopo ^{235}U até 90%. Basta repetir o ciclo de centrifugação milhares de vezes.

A **ativação por nêutrons** é o processo pelo qual as reações nucleares dão origem a substâncias radioativas. Por exemplo, o isótopo do nitrogênio ^{16}N é produzido a partir do átomo de oxigênio da água. O isótopo do hidrogênio ^{3}H, trítio, é produzido a partir do boro, que é usado para controle da radioatividade no reator. Outros produtos radioativos são formados pela interação de nêutrons com materiais encontrados na água de refrigeração, oriundos da erosão e corrosão de equipamentos, que se ativam ao passar pelo núcleo do reator. Os principais produtos ativados são os isótopos do ferro ^{59}Fe, do cobalto ^{60}Co e do manganês ^{54}Mn.

Em 2003, 19 países geraram mais de 20% de sua produção de energia elétrica a partir de centrais nucleares, conforme apresentado no **Quadro 8.3**. Observa-se que os países com menor território e pequena população, se não dispõem de jazidas de petróleo ou carvão, mostram uma tendência natural para o uso da energia nuclear. Até 1993, havia em operação 430 usinas nucleares distribuídas em 30 países no mundo, com capacidade instalada total de 337.820 MW. A eficiência térmica global do processo de produção de energia elétrica em uma central nuclear é equivalente à eficiência das usinas termoelétricas convencionais: aproximadamente 30%.

As usinas nucleares, assim como as termelétricas, liberam calor para uma fonte fria, como os rios, os lagos ou o mar. Objetos e peixes pequenos passam pelas telas de filtração das águas utilizadas para essas liberação.

A produção de energia elétrica em uma central nuclear é semelhante ao processo desenvolvido nas centrais termelétricas convencionais, que utilizam carvão, gás natural ou outro combustível qualquer, queimado em uma caldeira para produzir vapor de água; este, por sua vez, aciona uma turbina que está acoplada a um gerador elétrico, à saída da unidade.

As usinas nucleares não liberam para a atmosfera poluentes químicos, fumaças ou cinzas de grande impacto ambiental. Entretanto, são gerados rejeitos radioativos de baixa, média ou alta atividade, tais como combustível irradiado ou rejeitos de reprocessamento. A presença de usinas nucleares causa forte impacto psicológico negativo na população das redondezas.

Em 1993, apenas três países (Estados Unidos, França e Japão) eram responsáveis pela geração de mais da metade do total mundial de energia nucleoelétrica, que era de 2.093,4 TWh.

A exposição a radiações é quantificada pela unidade Sievert (Sv), absorvida cumulativamente pelo organismo. A dose máxima permitida é de 50 mSv por ano. Durante todo o processo de atividade das usinas nucleares, há um controle muito importante, tanto da monitoração do pessoal quanto do meio ambiente. Cada trabalhador recebe

Quadro 8.3 Produção de energia elétrica a partir de centrais nucleares* (2002)			
Nº	País	População (milhão de habitantes)	Área (mil km²)	Energia elétrica de fonte nuclear (%)
I	Lituânia	3,7	65,2	80
2	França	59,7	544,0	78
3	Bélgica	10,3	30,5	57
4	Eslováquia	5,4	49,0	55
5	Bulgária	7,8	111,0	47
6	Suécia	8,8	450,0	46
7	Ucrânia	48,7	603,7	46
8	Armênia	3,8	29,8	41
9	Eslovênia	2,0	20,3	41
10	Suíça	7,2	41,3	40
11	Coréia do Norte	22,6	120,5	39
12	Hungria	9,9	93,0	36
13	Japão	127,5	372,8	35
14	Alemanha	82,0	356,7	30
15	Finlândia	5,2	338,1	30
16	Espanha	39,9	506,0	26
17	República Tcheca	10,3	78,9	25
18	Reino Unido	59,7	244,1	22
19	Estados Unidos	288,5	9.372,6	20
20	Federação Russa	143,8	17.075,4	16
21	Canadá	31,3	9.970,6	12
22	Romênia	22,3	238,4	10
23	Argentina	37,9	2.780,1	7
24	África do Sul	44,2	1.233,2	6
25	Brasil	170,0	8.512,0	4
26	Holanda	16,0	41,5	4
27	Índia	1.000,0	3.287,8	4
28	México	101,8	1.972,6	4
29	Paquistão	148,7	796,1	3
30	China	1.294,0	9.572,9	1

* Valores aproximados.

Fonte: www.eletronuclear.gov.br, acessado em julho, 2004; *Almanaque Abril – Mundo 2003*. São Paulo, Editora Abril, 2002.

um crachá com dosímetro que mede permanentemente a radiação que a pessoa está recebendo. No meio ambiente, é feito o acompanhamento constante e rigoroso do ar, do solo, da água dos rios e das chuvas, da água subterrânea, dos animais, do capim, das árvores, das construções, enfim, de tudo o que estiver dentro de um círculo de 30 km a partir do centro da usina.

O acidente nuclear de mais graves consequências foi o que ocorreu na central ucraniana de Chernobyl, em 26 de abril de 1986. Nesse acidente, a explosão de quatro reatores aconteceu durante uma inspeção de rotina. Em vez de o reator ser apagado com a inclusão de barras inertes de grafite entre os elementos de urânio 235, graças a uma manobra equivocada dos técnicos, houve o reaquecimento do núcleo ativo do reator. Durante dez dias, o que sobrou da usina continuou a emitir altas doses de radioatividade que só foram contidas em novembro, com a construção de um "sarcófago" de cimento armado. A nuvem radioativa do acidente em Chernobyl espalhou-se por toda a Europa, num raio de 150 mil quilômetros ao redor do ponto central. Trinta e uma pessoas morreram imediatamente após a explosão, e os russos calculam que pelo menos outras 22 mil morreram em consequência do acidente, sem contar mais de 100 mil que sofreram danos permanentes.

Até o presente, ainda não se conseguiu desenvolver um processo que permita a completa eliminação dos resíduos radioativos, os quais seguem o lento processo natural de decaimento nuclear por milhares de anos. Como não é possível limpar inteiramente uma área contaminada, restringe-se a remover com água as partículas radioativas superficiais, transferindo todos os resíduos para tambores, isolados com concreto e enterrados a uma profundidade controlada, em locais escolhidos, onde permanecem. Para maior segurança, são construídos "sarcófagos". Tanques com lixo atômico gerado por países mais avançados são depositados no fundo de oceanos, isolados de contato humano. Entretanto, algum dia pode haver vazamento de radiação, e as consequências são imprevisíveis. Esse é o terrível inconveniente da utilização de energia nuclear como fonte alternativa de energia.

Estima-se que, por volta do ano 2050, o mundo terá 10 bilhões de habitantes, que precisarão cada vez mais de energia. Como as outras fontes de energia mais usadas, como a hidrelétrica e a termoéletrica, são limitadas, cada vez mais se deverá usar a energia nuclear. A humanidade precisa conscientizar-se desse futuro, pois adotar tal sistema de geração de energia é assumir uma séria responsabilidade perante as gerações vindouras.

O oceano

Os **oceanos** são uma fonte inesgotável de energia, graças ao movimento das ondas, às marés altas e baixas e à diferença de temperatura entre as camadas do oceano.

A energia cinética das ondas e das marés pode ser utilizada para mover turbinas e gerar eletricidade. Até agora, os sistemas de geração dessa energia são muito pequenos, em sua maior parte, mas podem ser usados, por exemplo, para auxiliar a iluminação de uma casa. A entrada e a saída de ondas de uma câmara geram a saída e a entrada de ar do seu interior, respectivamente, movendo uma turbina que está conectada a um gerador.

No caso das marés, o princípio de conversão de energia consiste no uso da diferença de níveis de água oceânica em ambos os lados de um dique. Apresenta como desvantagem a geração cíclica e descontínua de energia, conforme os ciclos das marés. Uma forma de contornar esse problema seria utilizar a ideia de dupla conversão de energia: converter a energia cíclica das marés em energia potencial de água oceânica, acumulada em depósito colocado em uma altura adequada em relação ao nível do oceano, para, posteriormente, transformar a energia potencial em energia elétrica. Nesse caso, são necessárias grandes diferenças de nível nas águas oceânicas, o que ocorre em poucos lugares do mundo.

O **Quadro 8.4** apresenta os valores de energia específica (em W/m^2) de diferentes níveis do oceano (metros) na costa pacífica do Panamá. Pode-se verificar que, para uma diferença de nível do oceano igual a 4 metros, em uma área oceânica igual a 10.000 m^2, seria possível gerar teoricamente 36,6 kW de energia elétrica.

| **Quadro 8.4** |||
| **Energia específica de diferentes níveis do oceano na costa pacífica do Panamá** |||
Nº	Diferença de nível (m)	Energia específica (W/m^2)
1	2	0,908
2	3	2,043
3	4	3,632
4	5	5,675
5	6	8,172

Fonte: http://www.fim.utp.ac.pa, acessado em junho, 2003.

Uma outra forma de aproveitar a energia oceânica é mediante a conversão térmica das águas, uma vez que a temperatura da água é menor à medida que a profundidade aumenta, em razão da absorção relativa de energia solar pela água. Existem algumas instalações experimentais no Japão e no Havaí que utilizam a diferença de temperatura das águas para gerar energia elétrica. No Brasil, existe atualmente no Rio de Janeiro um projeto industrial de geração de energia elétrica a partir de ondas oceânicas.

Inicialmente, foram criados protótipos, que são tanques oceânicos com capacidade de geração de até 20 kW. Pretende-se concluir em 2004 uma planta piloto próxima à costa brasileira com capacidade de operação entre 1 MW e 2 MW. Entre as vantagens competitivas da energia oceânica, destaca-se o custo de geração, várias vezes inferior ao das demais fontes renováveis.

A geotermia

A **energia geotérmica** é tão antiga quanto a existência de nosso planeta. É uma energia alternativa abundante, renovável; não consome oxigênio e é amplamente disponível. Os vulcões, as fontes termais, os gêiseres e as fumarolas são manifestações dessa energia.

Conforme já mostrado no **Capítulo 2**, **Figura 2.1**, o globo terrestre é composto de camadas superpostas: a crosta, mais superficial, flutua sobre o magma, que é mais quente e fluida e se sobrepõe ao manto inferior, e no centro do globo, há o núcleo, cuja temperatura é muito elevada, entre 4.300 e 3.700 °C. Aliás, é bem conhecido que nas minas de ouro a temperatura vai aumentando à medida que as galerias escavadas vão se aprofundando. A temperatura aumenta 1 °C a cada 32 metros que se cava em direção ao centro da Terra; essa relação define o **grau geotérmico**.

Em certos lugares, as correntes subterrâneas de água que passam junto às rochas quentes a uma grande profundidade causam o aquecimento da água e sua transformação em vapor. São chamadas **águas termais**; quando brotam ambos, água quente e vapor, recebem a designação de **gêiseres**. A água quente pode alcançar temperaturas de até 150 °C. Esse aumento de temperatura pode ser usado para aquecimento de água em usos domésticos. Na Islândia, país cujos habitantes sofrem com as temperaturas extremamente baixas, os vulcões ativos e muitos mananciais de águas termais e gêiseres são aproveitados para aquecer edifícios da própria capital, Reikjavik, e para esquentar a água dos reservatórios.

O **geocalor** pode ser obtido pela perfuração de poços no solo, com profundidades acima de 3.000 metros, utilizando-se tubos de aço. Poços com mais de 10.000 metros de profundidade exigem variação no diâmetro da tubulação de perfuração que movimenta a broca diamantada, o que aumenta em muito os custos e o tempo de perfuração. O vapor da geotermia é aproveitado para mover turbinas e geradores, da mesma forma que uma usina termoelétrica; ao passar pelas turbinas, o vapor é levado a uma torre de resfriamento para converter-se em água, que com frequência é bombeada para ser novamente aquecida no interior da Terra.

A energia geotérmica é uma fonte alternativa, encontrada em locais especiais da superfície terrestre, que necessita ainda de muita pesquisa para melhor aproveitamento, pois o rendimento que se consegue é muito baixo. O alto custo da construção das usinas e da perfuração, bem como os possíveis impactos ambientais, tem inviabilizado muitos projetos.

A relação custo benefício do aproveitamento do geocalor sempre foi calculada para profundidades de até 4.000 metros, o que somente permitiria chegar a temperaturas de aproximadamente 120 °C. Tal temperatura é baixa para gerar vantagens econômicas no uso do vapor de água. Tubos de perfuração de fibra de carbono viabilizam a perfuração de poços a profundidades maiores que 10.000 metros, pois desenvolvem menor atrito, têm resistência mecânica superior aos melhores aços, suportam temperaturas acima de 1.000 °C e apresentam densidade de 1,5, enquanto que, nos aços, a densidade chega a 7,8.

Outra dificuldade para o aproveitamento do geocalor é a preocupação dos ecologistas relativa à possibilidade de que tais explorações possam ter alguma influência sobre a temperatura do solo, implicando, portanto, em variações climáticas. Entretanto, ficou provado que o núcleo sólido da Terra, NiFe, de cerca de 2.000 km de diâmetro, gira mais rápido que a crosta externa, numa diferença de cerca de 1 radiano por ano, o que torna o geocalor uma energia renovável em razão do enorme atrito que se desenvolve entre as camadas de magma. Se for analisado que a crosta terrestre, com temperaturas em torno de 20 °C, irradia calor constantemente para o Universo, cuja temperatura é estimada em −268 °C, conclui-se que deve existir uma fonte de energia de grande capacidade térmica para manter o equilíbrio energético tal como o conhecemos.

O hidrogênio

A transformação de energia química diretamente em energia elétrica pela eletrólise da água é uma importante alternativa entre as atuais fontes energéticas. É uma forma de preservação dos ciclos naturais, uma vez que não há esgotamento de reservas fósseis ou físseis e o elevadíssimo teor de água existente na Terra praticamente não afeta o equilíbrio da Natureza. A eletrólise da água produz hidrogênio e oxigênio, que podem ser separados por filtros de membrana e utilizados em células a combustível, as quais são a unidade básica geradora de corrente elétrica.

As células a combustível foram desenvolvidas a partir de ideias da agência espacial norte-americana Nasa. O processo, considerado de alta eficiência e confiabilidade, foi inventado pelos norte-americanos para fornecer energia para os equipamentos e água quente para os tripulantes dos ônibus espaciais. O funcionamento da célula consiste na combinação de átomos de hidrogênio e oxigênio para formar uma molécula de água, quando dois elétrons são liberados, formando uma corrente elétrica. Essa reação química também libera calor. O processo é, na realidade, o inverso da eletrólise da água. Na **eletrólise**, uma corrente elétrica, aplicada por um par de eletrodos em um meio aquoso, separa os componentes da água:

$$2\ H_2O \rightarrow 2\ H_2 + O_2$$

E a reação inversa é:

$$2\ H_2 + O_2 \rightarrow 2\ H_2O$$

A tensão de uma célula a combustível individual é cerca de 0,7 V, bastante inferior à dos demais tipos. Assim, é necessário um grande número de células em série para produzir uma tensão para uso prático.

Embora para uso em naves espaciais – ainda sua principal utilização – sejam empregados hidrogênio e oxigênio puros, para outras aplicações existem problemas. O hidrogênio, em especial, é um gás de manuseio e estocagem perigosos. Assim, como medida de segurança, as células podem usar o oxigênio do ar e o hidrogênio pode ser obtido pela quebra catalítica de um combustível comum, isto é, um hidrocarboneto.

Na prática, as células a combustível não são tão simples e nem fáceis de serem construídas. São usados materiais nobres, como a platina, nos eletrodos e nos catalisadores. O custo é relativamente alto, o que explica o fato de que, sendo uma invenção tão antiga, pouco se desenvolveu durante muito tempo, pois existem alternativas muito mais simples para a produção de energia elétrica a partir de combustíveis.

A célula a combustível apresenta importantes vantagens, se comparada com caldeiras e motores tradicionais:

- a operação é silenciosa;
- o subproduto é apenas água, isto é, não é poluente, se for usado hidrogênio puro;

- há menor perda de eficiência quando parcialmente carregada;
- a razão potência/peso superior aos demais meios de geração;
- a energia obtida é de alta qualidade – ou seja, ocorre em tensão alternada constante, sem distorções – e com baixíssimo risco de interrupção de fornecimento.

A utilização de células a combustível ainda é restrita pelo alto custo. Mas, mesmo que o custo de instalação seja alto, a operação é mais barata do que a de um gerador termoelétrico de igual potência. Isso acontece porque a eficiência da célula a combustível se aproxima dos 80%, considerando a eletricidade e o calor, enquanto a geração convencional consegue eficiência de apenas 30%. Se as pesquisas resultarem em células de custo razoável, os benefícios serão evidentes.

Questões como poluição ambiental e procura por combustíveis alternativos aos derivados de petróleo incentivam buscas para a aplicação da célula a combustível em fontes de pequeno consumo de energia, para equipamentos portáteis, como os computadores, os automóveis, ou mesmo em geradores fixos de energia.

Entretanto, as células não podem resolver todos os problemas com o ambiente. O hidrogênio não é encontrado livre na natureza. Para obtê-lo a partir da água, é preciso energia. E essa, se obtida a partir de fontes não limpas como os combustíveis, provoca a emissão de poluentes. Se as células usarem combustíveis de hidrocarbonetos, embora em menor escala, também serão emitidos poluentes.

Bibliografia recomendada

- *Almanaque Abril*, Editora Abril, São Paulo (1990).
- *Almanaque Abril Mundo 2003*, Editora Abril, São Paulo (2003).
- *Boletim Técnico Ciba-Geigy Química S/A*, Divisão Aditivos, São Paulo, sem data.
- *Enciclopédia Mirador Internacional*, Encyclopaedia Britannica do Brasil Publicações Ltda., São Paulo, vol. 18 (1995).
- *Kirk-Othmer Encyclopedia of Chemical Technology*, vol. 10 Interscience Publishers, Nova York, (1967).
- *Enciclopédia Mirador Internacional*, Encyclopaedia Britannica do Brasil Publicações Ltda., São Paulo, vol. 14 (1995), p.7520.
- *Enciclopédia Mirador Internacional*, Encyclopaedia Britannica do Brasil Publicações Ltda., São Paulo, vol. 20 (1995), p.11364.
- Gächter, R., Müller, H. & Klemchuk, P.P. *Plastics Additives Handbook*, Nova York, Hanser Publishers (1990).
- *Grande Atlas Universal Ilustrado,* Reader's Digest Brasil, Rio de Janeiro (1999).
- LaRovere, E.L. & Lima, M.Q. *Impactos ambientais de projetos energéticos*, UFRJ, Rio de Janeiro (1993).
- Branco, S. M. & Feltre, R, *O Meio Ambiente em Debate*, Revista *Superinteressante,* janeiro, 1997.
- http://www.ambiente.sp.gov.br/aquifero, acessado em abril, 2003.
- http://www.mme.gov.br/, acessado em abril, 2003.

- http://www.energiabrasil.gov.br, acessado em abril, 2003.
- http://geocities.yahoo.com.br/saladefisica5/leituras/eolica, acessado em maio, 2003.
- http://energias.no.sapo.pt/energia-hidraulica.htm, acessado em maio, 2003.
- http://infoener.iee.usp.br, acessado em junho, 2003.
- http://www.fim.utp.ac.pa, acessado em junho, 2003.
- http://www.mct.gov.br/clima, acessado em julho, 2004.
- http://www.ecen.com/eee38/a_nova_economia.html, acessado em julho, 2004.
- http://www.myspace.eng.br/eng/bat1.asp, acessado em julho, 2004.
- http://www.inee.org.br/veh_ccombust.asp, acessado em julho, 2004.
- http://www.iespana.es/natureduca/geog_fisica_hidrograf10.htm, acessado em março, 2003.
- http://www.sobrenatural.org.br/site/profecias/FD_raios_gama/introducao.asp, acessado em julho, 2004.
- http://www.inb.gov.br/reservasmundiais.asp, acessado em julho, 2004.
- http://www.eletronuclear.gov.br, acessado em julho, 2004.

O DESENVOLVIMENTO SUSTENTÁVEL

9

A evolução dos conceitos

A abordagem do tema "desenvolvimento sustentável" é complexa, dentro do que se propõe este livro. Assim, é oportuno seguir o conceito cheio de sabedoria emitido pelo saudoso professor Aharon Katchalsky, de Israel, em sua conferência de abertura do Simpósio Internacional de Macromoléculas, em Bruxelas, Bélgica, em 1966:

> "Na apresentação de um assunto, quando não se encontra uma ordem lógica, deve-se pelo menos seguir a ordem cronológica".

A preocupação da sociedade com a preservação do ambiente natural vinha sendo sentida já no século XIX, quando um zoólogo e biólogo alemão, Ernst Haeckel, em 1869, propôs o termo Ecologia para definir a ciência das relações entre as espécies e seu ambiente. Atualmente, ao iniciar-se o século XXI, permanece a inquietação com o futuro em um planeta onde a temperatura está cada ano mais elevada; a camada de ozônio da atmosfera apresenta buracos; uma grande parte da água doce do planeta está poluída; a quantidade de alimentos, em muitos países, não supre todas as necessidades dos seus habitantes; grande parte dos solos está contaminada gerando alimentos com baixa qualidade de consumo; e a atmosfera, em certos pontos, já apresenta tal grau de poluição que causa sérios problemas respiratórios, principalmente em crianças e idosos.

Embora a sociedade disponha de uma ampla diversidade de fontes energéticas naturais, já comentadas anteriormente, a maior parte delas apresenta problemas relacionados à poluição ambiental. Assim, há cerca de cinco décadas, a sociedade foi despertada para a consciência de que havia fatores que estavam causando a rápida e progressiva destruição do equilíbrio ecológico do planeta.

A contaminação da Baía de Minamata, no Japão, ocorreu em 1950, porém somente foi confirmada muitos anos depois, vinculando-se os efeitos observados na população local ao mercúrio proveniente de uma indústria química. Seus efluentes poluíram as águas e os peixes, e também a população, que sistematicamente os utilizava em sua alimentação. Na década de 60, iniciaram-se movimentos ambientalistas característicos dos anos 70, que foram importantes para a regulamentação e o controle ambiental. No início dos anos 80, leis específicas foram criadas para a instalação e o controle de emissões gasosas, líquidas e sólidas das indústrias. As primeiras percepções das degradações até a realização de ações mais concretas, visando à diminuição dos danos ambientais, têm sua evolução apresentada no **Quadro 9.1**.

A contaminação de Minamata

A contaminação de mercúrio na **Baía de Minamata** foi um acidente que, apesar de ter ocorrido há mais de 50 anos, ainda é mostrado como um exemplo da fragilidade do homem para com os produtos químicos.

A população de uma vila próxima à Baía de Minamata, na ilha de Kyushu, no sul do Japão, foi contaminada por mercúrio, produto usado em uma indústria local, por meio da alimentação, uma vez que eram consumidos animais marinhos contaminados. Os sintomas observados foram, entre outros, perda da coordenação motora, dificuldade de falar e ouvir, e impossibilidade de deglutição. A chamada **doença de Minamata** revelou que a assimilação de metais pelos sistemas biológicos ocorre por diversas vias. Nas plantas, ela se faz por meio das raízes e folhas e, nos animais, mediante a ingestão de alimentos e pela via respiratória. Os organismos aquáticos extraem da água o oxigênio dissolvido e os alimentos; com isso, estão sempre expostos aos íons existentes no meio. Os moluscos, por apresentarem sistema respiratório relativamente simples, concentram íons metálicos com muita facilidade no seu organismo. No homem, a absorção de metais essenciais ocorre por via alimentar. O organismo apresenta um mecanismo homeostático, por meio do qual mantém as concentrações dos elementos-traço em níveis aproximadamente constantes. Quando o elemento é essencial, sua atividade benéfica cresce com a concentração, até atingir um nível de saturação, determinado por aquele mecanismo. Nesse nível, todo o excesso do elemento-traço é eliminado. Contudo, quando, por alguma razão, a concentração se eleva a ponto de tornar o mecanismo de defesa ineficiente, o caráter tóxico se manifesta. Algumas doenças, relacionadas à falta ou ao excesso de elementos-traço, são apresentadas no **Quadro 9.2** para os elementos chumbo, mercúrio, cádmio, zinco, ferro e manganês, em ordem decrescente de peso atômico.

Dependendo do metal, é importante considerar a forma molecular e a concentração em que se encontra como poluente da atmosfera e das águas. Em virtude da utilização industrial e agrícola, sua concentração local pode superar aquela produzida pela Natureza, criando problemas ambientais. Os organismos expostos de forma natural aos poluentes são em geral capazes de desenvolver mecanismos de defesa.

A toxicidade dos metais é um problema extremamente complexo. Relaciona-se com pelo menos três tipos de influência:

- bloqueio de grupos funcionais essenciais à atuação de uma biomolécula;

- competição e deslocamento de outros metais presentes no sistema;

- modificação na conformação de sítios ativos e na estrutura quaternária de proteínas.

Conforme o estado molecular do elemento mercúrio, a sua toxicidade varia significativamente. Devem ser distinguidas três formas químicas principais: os vapores de mercúrio elementar, os sais de mercúrio e os compostos organomercúricos. O mercúrio elementar é a mais volátil das formas inorgânicas do metal. O contato do ser humano com os vapores de mercúrio é principalmente profissional. A exposição crônica ao mercúrio existente no ar, após derramamento acidental em locais pouco ventilados, como laboratórios científicos, pode produzir efeitos tóxicos. Os vapores de mercúrio também podem ser liberados de restaurações dentárias de amálgama de prata, mas a quantidade liberada não parece ser nociva para a saúde humana.

Os sais de mercúrio existem em dois estados de oxidação, como sais mercurosos (Hg monovalente) ou sais mercúricos (Hg divalente). O cloreto mercuroso, que é o composto mercuroso mais conhecido, era utilizado em alguns cremes para a pele como antisséptico e também era empregado como diurético e catártico. Os sais mercúricos constituem a forma mais irritante e agudamente tóxica do metal. Os sais mercúricos ainda são muito utilizados na indústria como em catalisadores, e sua descarga industrial nos rios tem provocado contaminação do meio ambiente em muitas partes do mundo.

Os organomercuriais atualmente usados contêm mercúrio com uma ligação covalente a um átomo de carbono. Trata-se de um grupo heterogêneo de compostos, cujos membros se caracterizam por capacidade variável em produzir efeitos tóxicos. Sem dúvida alguma, os sais alquilados de mercúrio são os mais perigosos desses compostos; o mais comum é o metilmercúrio.

O mercúrio forma rapidamente ligações covalentes com o enxofre, sendo essa propriedade responsável pela maioria dos efeitos biológicos do metal. Quando o enxofre se encontra na forma de grupos sulfidrila, o mercúrio divalente substitui o átomo de hidrogênio para formar mercaptídios, X-Hg-SR e $Hg(SR)_2$, onde X representa um grupo eletronegativo e R uma proteína. Os compostos organomercúricos formam mercaptídios do tipo R-Hg-SR. Mesmo em baixas concentrações, os organomercúricos são capazes de inativar as enzimas sulfidrílicas, interferindo, consequentemente, no metabolismo e na função das células. A afinidade do mercúrio pelos tióis constitui a base do tratamento da intoxicação mercurial, que é realizada por agentes como o dimercaprol e a penicilamina. O mercúrio também se combina com outros ligantes de importância fisiológica, como os grupos fosforila, carboxila, amida e amina. Os organomercúricos sofrem absorção mais completa por meio do trato gastrointestinal do que os sais inorgânicos, uma vez que exibem maior lipossolubilidade e exercem ação menos corrosiva sobre a mucosa intestinal. Mais de 90% do metilmercúrio é absorvido pelo trato gastrointestinal humano.

	Quadro 9.1			
	Evolução histórica da preocupação com o desenvolvimento sustentável do planeta			
Ano	Evento	Local	Objetivo	Observação
1273	Criação de legislação sobre o fumo	Londres, Inglaterra	Redução do fumo	—
1808	Criação do Jardim Botânico por D. João VI, rei de Portugal	Rio de Janeiro, Brasil	Melhorar as condições de vida da colônia de Além-Mar	D. João VI vinha de Portugal, fugindo ao perigo da invasão de seu reino por Napoleão Bonaparte, da França
1838	Proposta de criação de reservas indígenas por George Catlin	Estados Unidos	Preservação da vida natural	Catlin era ensaísta e artista
1863	Publicação do livro *Homem e Natureza*, de George P. Marsh	Cambridge, Estados Unidos	Preservação da Natureza	Primeiro livro sobre conservação ambiental
1869	Proposta da palavra Ecologia pelo zoólogo e biólogo Ernst Haeckel	Alemanha	Conscientização da sociedade sobre a preservação do ambiente natural	Ficou estabelecido que Ecologia é a ciência das relações entre as espécies e seu ambiente
1872	Criação dos primeiros parques nacionais do mundo	Califórnia, vale do Yosemite, e Wyoming, região do Yellowstone; Estados Unidos	Preservação da Natureza	Pela primeira vez governos, estadual e nacional, assumiram as funções de preservação, proteção e administração de áreas naturais
1937	Criação do Parque Nacional de Itatiaia	Rio de Janeiro, Brasil	Preservação da Natureza	—
1950	Contaminação da Baía de Minamata	Minamata, Japão	—	Mercúrio proveniente de uma indústria química contaminou as águas e os peixes, e também a população local
1962	Publicação do livro *Primavera silenciosa*, de Rachel Carlson	Boston, Estados Unidos	Alerta sobre riscos dos pesticidas sobre o meio ambiente	—
1968	Fundação do Clube de Roma	Roma, Itália	Atuação como catalisador de mudanças globais, livre de quaisquer interesses políticos, econômicos ou ideológicos	O clube é uma organização internacional, formada por líderes mundiais
1972	Publicação do relatório *Limits to Growth*, elaborado por um grupo interdisciplinar de *Massachusetts Institute of Technology* (MIT) para o Clube de Roma	Cambridge, Estados Unidos	Diagnóstico dos recursos terrestres	O relatório concluiu que a degradação ambiental é o principal resultado do crescimento populacional descontrolado e de suas exigências sobre os recursos da Terra
1972	Realização da Conferência das Nações Unidas para o Meio Ambiente	Estocolmo, Suécia	Início da estruturação dos órgãos ambientais pelas nações	A conferência conceituou o ecodesenvolvimento; poluir passa a ser crime em diversos países
1973	Criação da Secretaria Especial do Meio Ambiente, Sema	Brasília, Brasil	Preservação da Natureza	Subordinada ao Ministério do Interior
1973	Primeira crise energética com o aumento do preço do petróleo árabe	Golfo Pérsico	—	Marcou a necessidade de fontes energéticas renováveis; o preço do barril subiu de 18 para 23 dólares
1975	Realização do Encontro de Belgrado	Belgrado, Iugoslávia	Estabelecimento de metas para a educação ambiental	Produziu a Carta de Belgrado
1977	Conferência de Tbilisi	Tbilisi, Geórgia	Formulação de princípios e orientação para a educação ambiental	Produziu a Declaração sobre Educação Ambiental

	Quadro 9.1 (continuação)			
Ano	Evento	Local	Objetivo	Observação
1981	Publicação da Lei n. 6.938 de 31 de agosto	Brasília, Brasil	Estabelecimento da Política Nacional de Meio Ambiente	Conceito de Meio Ambiente
1983	Criação da Comissão Mundial sobre Meio Ambiente e Desenvolvimento, conhecida como Comissão Brundtland, pela ONU	Nova York, Estados Unidos	Reexame e reformulação de questões críticas relativas ao meio ambiente e proposta de novas formas de cooperação internacional	Presidida por Gro Harlem Brundtland
1983	Convênio de Viena	Viena, Áustria	Instrumento destinado a gerar ações para a preservação do ozônio	—
1986	Elaboração da Primeira Resolução do Conselho Nacional do Meio Ambiente (Conama)	Brasília, Brasil	Estabelecimento de padrões para os estudos de impacto ambiental	—
1987	Divulgação do relatório final da Comissão Brundtland: *Nosso Futuro Comum*	Nova York, Estados Unidos	Proposta do desenvolvimento econômico integrado à questão ambiental	Diagnóstico dos problemas ambientais globais
1987	Criação do Protocolo de Montreal	Montreal, Canadá	Banir fabricação e uso de CFC e estabelecer prazos para sua substituição.	—
1989	Realização da Convenção de Basileia	Basileia, Suíça	Estabelecimento de regras para os deslocamentos de resíduos	A convenção dispõe sobre o controle de importações e exportações e proíbe o envio de resíduos para países sem capacidade técnica, legal e administrativa para recebê-los
1989	Criação do Instituto Brasileiro do Meio Ambiente (Ibama)	Brasília, Brasil	Preservação ambiental	O Ibama resultou da fusão do Sema, Sudepe, Sudhevea e IBDF
1992	Entrada em vigor das Normas BS7750	Londres, Inglaterra	Criação de padrões que serviriam de base para a elaboração das normas ISO 14.000	—
1992	Realização da Conferência sobre Meio Ambiente e Desenvolvimento (Rio-92 ou Cúpula da Terra)	Rio de Janeiro, Brasil	Discussão da questão ambiental	A Rio-92 resultou na criação da Agenda 21 e do Tratado de Educação Ambiental para Sociedades Sustentáveis. Reuniu mais de 120 chefes de Estado e representantes de mais de 170 países
1995	Realização da Conferência para o Desenvolvimento Social	Copenhague, Dinamarca	Criação de um ambiente econômico, político, social, cultural e jurídico que permitisse o desenvolvimento social	—
1995	Realização da Conferência Mundial do Clima	Berlim, Alemanha	—	—
1997	3ª Conferência das Partes da Convenção sobre Mudanças Climáticas	Kyoto, Japão	Elaboração do texto denominado Protocolo de Kyoto	Submetido à ratificação pelos países do mundo
1998	Publicação da Lei 9.605 (Lei de Crimes Ambientais)	Brasília, Brasil	—	A lei dispõe sobre as sanções penais e administrativas derivadas de condutas e atividades lesivas ao meio ambiente

Quadro 9.2 Doenças associadas a alguns elementos químicos				
Elemento	Símbolo	Peso atômico	Deficiência	Excesso
Chumbo	Pb	207	Não essencial	Anemia[a]
Mercúrio	Hg	201	Não essencial	Parestesia[b], ataxia[c], disartria[d], cegueira
Cádmio	Cd	112	Não essencial	Nefrite[e]
Zinco	Zn	65	Nanismo[f]	—
Ferro	Fe	56	Anemia[a]	Hemocromatose[g]
Manganês	Mn	55	Anomalia esqueletal	Ataxia[c]

a) Anemia: deficiência de hemácias ou hemoglobina no sangue.
b) Parestesia: distúrbio neurológico em que o paciente acusa sensações anormais (formigamento, picada, queimadura), não causadas por estímulos externos ao corpo.
c) Ataxia: incapacidade de coordenação dos movimentos musculares voluntários, que pode fazer parte do quadro clínico de numerosas doenças do sistema nervoso.
d) Disartria: dificuldade de articulação das palavras, resultante de perturbação do sistema nervoso.
e) Nefrite: inflamação do rim.
f) Nanismo: hipodesenvolvimento corporal acentuado, que pode ou não apresentar desproporção entre as várias porções constituintes do corpo.
g) Hemocromatose: distúrbio do metabolismo do ferro, caracaterizado pela deposição excessiva desse material nos tecidos, principalmente do fígado e do pâncreas, surgindo cirrose hepática e diabetes melito, além de pigmentação cutânea bronzeada e outras lesões, como alterações ósseas e articulares.
Fonte: A.B.H. Ferreira, *Aurélio Século XXI*. Rio de Janeiro, Nova Fronteira, 1999.

A exposição aguda ao vapor de mercúrio elementar pode produzir sintomas em algumas horas. Esses sintomas consistem em fraqueza, calafrios, gosto metálico, náuseas, vômitos, diarreia, dispneia, tosse e sensação de constrição no tórax. O mercúrio iônico inorgânico (por exemplo, cloreto mercúrico) pode produzir grave toxicidade aguda. Os sintomas decorrentes da exposição ao metilmercúrio são principalmente ligados a reações de origem neurológica e consistem em distúrbios visuais, ataxia, parestesia, neurastenia, perda de audição, deterioração mental, tremor muscular, distúrbio da motilidade e, nos casos de exposição grave, paralisia e morte.

Outros acidentes, depois de Minamata, já ocorreram. Infelizmente, somente a partir de acidentes de tais dimensões é que nascem as preocupações e soluções para a proteção ao meio ambiente.

A educação ambiental

A expressão **educação ambiental** foi utilizada pela primeira vez na Conferência de Educação da Universidade de Keele, na Grã-Bretanha, em 1965. A partir dessa data, passou a ter uma dimensão cada vez mais importante para a formação de cidadãos com conhecimento do ambiente total, preocupados com os problemas associados a esse espaço que o cerca e com atitudes, motivações, envolvimentos e habilidades para trabalhar, individual e coletivamente, em busca de soluções para resolver as dificuldades atuais e prevenir os futuros desajustes. Buscam-se, com a educação, formas de gerenciar e melhorar as relações entre a sociedade humana e o ambiente, de modo integrado e sustentável, ou seja, procura-se resgatar aquele sentimento natural presente no índio Seattle, já comentado no **Capítulo 1**.

Desde 1972, várias reuniões para tratar da **poluição ambiental** têm sido realizadas, mantendo ativo o interesse para a diminuição progressiva das atividades do homem nocivas à manutenção da vida no planeta. Os principais eventos foram: Conferência de Estocolmo (1972), Conferência de Tbilisi (1977), Protocolo de Montreal (1987), Rio-92 (1992) e Protocolo de Kyoto (1997).

Considera-se a realização da primeira Conferência das **Nações Unidas para o Meio Ambiente,** em Estocolmo em 1972, um marco histórico para o planeta. Colocaram-se em pauta a educação ambiental e as relações entre desenvolvimento e meio ambiente. O livro *Primavera Silenciosa*, que trata da perda da qualidade de vida resultante do uso indiscriminado e excessivo de produtos químicos, bem como os impactos gerados no meio ambiente pela sua utilização, foi objeto de discussão nessa conferência.

A partir da reunião de Estocolmo, muitos encontros foram realizados com o objetivo de formular princípios e orientações para a educação ambiental, entre eles o **Encontro de Belgrado** (Iugoslávia, 1975) e a **Conferência de Tbilisi** (Geórgia, União das Repúblicas Socialistas Soviéticas, 1977). A **Declaração sobre Educação Ambiental** foi produzida nessa última conferência, que apresentou os objetivos e as estratégias para o seu desenvolvimento. Esse evento deu um grande enfoque na educação infantil, considerando a multidisciplinaridade sob aspectos ambientais, tecnológicos, sociais, econômicos, políticos, históricos, culturais, morais, éticos e estéticos, além de insistir no valor e na necessidade da cooperação local, regional e global para prevenir os problemas ambientais.

A **educação ambiental** foi definida na Conferência de Tbilisi, em 1977, como um processo permanente, no qual o indivíduo e a comunidade passam a ter conhecimento do meio ambiente, de forma a torná-los aptos a agir, individual ou coletivamente, e a resolver problemas ambientais. A evolução de um senso crítico e a compreensão da complexidade dos aspectos que envolvem as questões ambientais se dão de modo crescente e contínuo. Dessa forma, uma sociedade ambientalmente educada se alia para a melhoria das condições de vida do planeta. A educação passa a ser a mola propulsora para uma solução ambiental do planeta. Só será possível ter um meio ambiente saudável para gerações futuras se nossa sociedade atual educar-se ambientalmente.

Em 1981, ficou estabelecido por lei que **meio ambiente** é o conjunto de condições, leis, influências e interações de ordem física, química e biológica que permitem, abrigam e regem a vida em todas as suas formas (Lei 6.938, de 31/8/1981).

A **Comissão Brundtland**, em 1987, tornou pública a expressão **desenvolvimento sustentável**, definida como "um processo de mudança em que a exploração de recursos, as opções de investimento, a orientação do desenvolvimento tecnológico e a mudança institucional ocorram em harmonia e fortaleçam a satisfação das necessidades e aspirações humanas no presente, sem descuidar das gerações futuras".

O Protocolo de Montreal

O problema do buraco da camada de ozônio, já comentado no **Capítulo 6**, começou a ser divulgado no início dos anos 80. Em 1983 foi firmado o **Convênio de Viena**, o primeiro instrumento destinado a gerar ações para preservação do ozônio. Nessa época, o tema ainda não era prioritário, o que explica a participação de somente 20 países nessa reunião.

O assunto começou a ser amplamente divulgado; como consequência, o **Protocolo de Montreal** foi assinado em 1987 e entrou em vigor em 1989, quando 29 nações e a União Europeia, geradoras de quase 90% das substâncias nocivas, o ratificaram. É considerado o mais efetivo dos acordos internacionais ambientais por ter, de fato, alcançado seu objetivo de redução das emissões de substâncias prejudiciais. A emissão dos produtos químicos nocivos à camada de ozônio diminuiu em mais de 90%. Apesar disso, essa camada continua sendo destruída, pois os gases emitidos antes do acordo permanecem ainda na atmosfera e alguns dos seus substitutos, embora menos agressivos, também são nocivos.

Uma característica importante do Protocolo de Montreal é a sua flexibilidade, planejada para permitir o seu futuro desenvolvimento à luz de novos conhecimentos científicos e avanços tecnológicos. Ele foi submetido a três ajustes, com o objetivo de acelerar os cronogramas de eliminação das substâncias destruidoras de ozônio, e a duas emendas — a **Emenda de Londres** (1990), que acrescentou o clorofórmio, o cloreto de metila, o tetracloreto de carbono e uma série de clorofluór-carbonetos (CFC) à lista de produtos a serem eliminados, e a **Emenda de Copenhague** (1992), que adicionou hidroclorofluór-carbonetos (HCFC), hidrobromofluór-carbonetos (HBFC) e brometo de metila, entre os produtos vetados. Ainda ocorreram a **Emenda de Montreal** (1997) e a **Emenda de Pequim** (1999), sempre com a finalidade de produzir documentos mais restritivos às substâncias nocivas ao ozônio, visando a que se chegue ao fim da utilização desses produtos até 2010.

Além de uma **Secretaria do Ozônio** pertencente ao **Programa das Nações Unidas para o Meio Ambiente (PNUMA)**, o protocolo gerou outras instâncias, como um Fundo Multilateral, destinado a ajudar os países em desenvolvimento na substituição tecnológica dos produtos que prejudicam a camada de ozônio. Atualmente, os dois maiores produtores de CFC são a China e a Índia, que já contam com fundos especiais para financiar sua substituição.

O Protocolo de Kyoto

Os altos níveis de dióxido de carbono na atmosfera estão aumentando o aquecimento global de maneira rápida. No século XX, nos anos 90, houve uma considerável elevação na temperatura do planeta em comparação a outros períodos. A adoção de medidas em conjunto, envolvendo diversos países, será necessária para reverter esse processo danoso ao meio ambiente.

Os principais eventos científicos e políticos responsáveis pela minimização do **efeito estufa** ocorrem desde a década de 90. Atingir um consenso tem sido um processo longo e de negociação difícil. Em 1990, foi gerado o primeiro relatório sobre as mudanças climáticas, produzido por cientistas, apresentado no **Painel Intergovernamental sobre Mudanças Climáticas (IPCC)**. Esse relatório esteve em pauta na **Rio-92**, quando foi aprovada a **Convenção sobre Mudanças Climáticas**. A partir daí foram estabelecidas estratégias para redução do efeito estufa, com o comprometimento de representantes de mais de 150 países.

Em 1997, enviados das nações se reuniram na cidade de Kyoto, no Japão, para uma conferência que resultou na elaboração de um acordo global, que passou a ser conhecido como **Protocolo de Kyoto**. Esse foi o instrumento para implementar a **Convenção das Nações Unidas sobre Mudanças Climáticas**. O objetivo do acordo era promover a redução das emissões de gases que provocam o efeito estufa. O protocolo prevê uma redução global de emissões dos principais gases poluentes, por meio de cotas de emissão de carbono. A redução seria feita apenas por países industrializados e, para que esse documento tivesse valor legal, precisaria ter a concordância dos países envolvidos. Os governos assumiriam diferentes metas percentuais, dentro da meta global estipulada, que permitiriam diminuir suas emissões tanto em âmbito doméstico quanto por "mecanismos flexíveis", como o comércio de emissões. Esses mecanismos de desenvolvimento limpo serviriam para abater do total as emissões de carbono absorvido nos "sorvedouros", tais como florestas e terras agrícolas.

O carbono armazenado nas árvores, florestas e outros ecossistemas está em constante intercâmbio com o da atmosfera. Constitui parte da reserva ativa e é liberado frequentemente tanto por meio de queimadas, decomposição e respiração dos vegetais, como também pelo desmatamento para fins agrícolas. Assim, a armazenagem de carbono nas árvores é somente temporária.

Os desenvolvimentos social, ambiental e econômico

O relatório final da **Comissão Brundtland** e a **Agenda 21** mostraram a importância do comprometimento das nações na busca de equilíbrio entre a tecnologia, o meio ambiente e a justiça social pelos diferentes países do planeta. Essas três dimensões, integradas, podem ser representadas como se vê na **Figura 9.1**.

Os dois documentos citados são as bases mais importantes para os preceitos do desenvolvimento sustentável, que praticamente nasceu em 1972, na **Conferência sobre o Ambiente Humano das Nações Unidas**, em Estocolmo, na Suécia. Conclui-se que a satisfação das necessidades básicas da população deve vislumbrar a preservação dos recursos naturais, para que as gerações futuras tenham a mesma chance de sobrevivência. Nesse ano, uma organização de cientistas e economistas, designada **Clube de Roma**, encomendou ao *Massachusetts Institute of Technology* (MIT), dos Estados Unidos, um estudo, que ficou conhecido como *Os Limites do Crescimento*, no qual são apresentados dados catastróficos para o futuro, caso sejam mantidos os padrões de consumo vigentes. Esse relatório propunha o conge-

Figura 9.1
As dimensões do desenvolvimento sustentável.

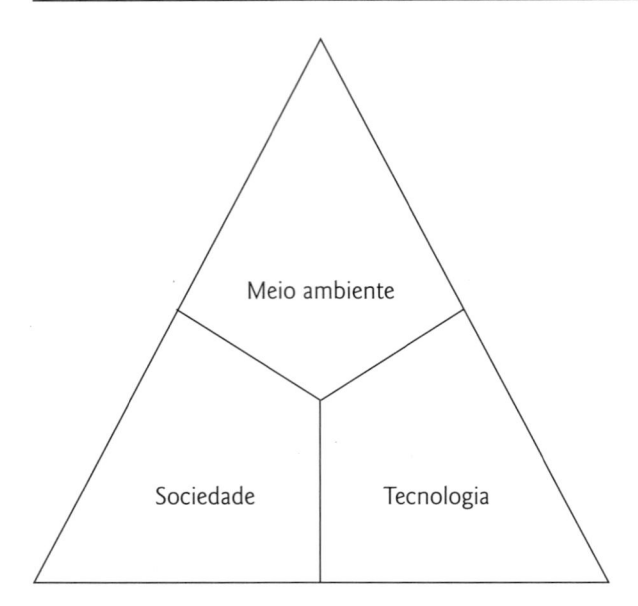

lamento do crescimento econômico como única solução para evitar que o aumento dos impactos ambientais leve o mundo a uma tragédia ecológica. Apesar de a ideia de um crescimento zero ser absurda na época, esse documento chamou a atenção da sociedade para a devastação do meio ambiente que vinha ocorrendo. A conferência de Estocolmo foi marcada pela polêmica entre os defensores do desenvolvimento zero, representados pelos países industrializados, e os defensores do desenvolvimento a qualquer custo, representados pelos países não industrializados.

Em 1983, com a ampliação dos problemas ambientais e o progressivo esgotamento dos recursos naturais, as Nações Unidas criaram a **Comissão Mundial sobre o Meio Ambiente e Desenvolvimento**, também conhecida como **Comissão Brundtland**. Essa comissão publicou em 1987 o relatório *O Nosso Futuro Comum*, que mostrou a necessidade da elaboração de estratégias de desenvolvimento de todos os países. Estes devem reconhecer os limites de seus ecossistemas quanto à capacidade de autorregeneração e absorção das emissões resultantes das ações humanas. Também mostrou que todos são interdependentes: o desenvolvimento não deverá beneficiar uma minoria em detrimento de uma maioria.

A Comissão Brundtland tornou pública a expressão **desenvolvimento sustentável** e a definiu como "um processo de mudança em que a exploração de recursos, as opções de investimento, a orientação do desenvolvimento tecnológico e a mudança institucional ocorram em harmonia e fortaleçam a satisfação das necessidades e aspirações humanas no presente, sem descuidar das gerações futuras". A partir desse relatório, surgiu o interesse das Nações Unidas para a realização de um evento sobre desenvolvimento sustentável. Assim, em 1992, no Rio de Janeiro, foi realizada a Conferência das Nações Unidas sobre Meio Ambiente e Desenvolvimento, conhecida como **Rio-92**. O encontro tinha como objetivo criar uma **Carta da Terra**, ou seja, um documento político para orientação global, a ser ratificado por todas as nações. A partir dessa reunião, foi obtida uma aceitação formal por parte de 182 governos quanto à necessidade de mudança, consolidada na **Declaração do Rio sobre o Meio Ambiente**. Também foi adotada a **Agenda 21**, para o novo século, como uma atuação global para o desenvolvimento sustentável, além da elaboração de outros documentos, destacando-se a **Convenção das Nações Unidas sobre Biodiversidade**.

Várias ações podem ser implantadas para maximizar o desenvolvimento sustentável em nosso planeta. Entre elas, a limitação do crescimento populacional, a preservação da biodiversidade e dos ecossistemas, a diminuição do consumo de energia e o desenvolvimento de tecnologias que façam uso de fontes energéticas renováveis.

Hoje, sabe-se que, se a economia mundial crescer em torno de 3% ao ano, valor já atingido, em 2050 os recursos naturais estarão esgotados.

Atualmente, o homem percebe com maior nitidez que o desenvolvimento econômico busca a geração de riquezas e o conforto, o que vai na contramão das iniciativas que precisam ser tomadas para a preservação ambiental. Atender a essas duas ações, simultaneamente, é a meta da civilização. Assim, torna-se cada vez mais imperioso encontrar formas de promover o desenvolvimento sustentável. Todo sistema econômico gera resíduos, que constituem uma das principais dificuldades para uma comunidade que busca os desenvolvimentos social, ambiental e econômico.

Bibliografia recomendada

- Ferreira, A.B.H. *Aurélio Século XXI*, Nova Fronteira, Rio de Janeiro (1999).
- Carlson, R. *Primavera Silenciosa*, Melhoramentos, São Paulo (1969).
- http://www.camara.gov.br/internet/diretoria/conleg/relatoriosespeciais/208366.pdf, acessado em fevereiro, 2003.
- http://www.earthcharter.org/, acessado em fevereiro, 2003.
- http://www.cebds.com/publicacoes/relatorio-visao-estrategica_2002/visao_estrategica.pdf, acessado em dezembro, 2004.
- http://www.wwf.org.br/participe/minikioto_protocolo.htm, acessado em fevereiro, 2003.
- http://www.ambiente.sp.gov.br/, acessado em fevereiro, 2003.
- http://www.mma.gov.br/port/sdi/ea/histo.cfm, acessado em fevereiro, 2003.
- http://www.ambiente.sp.gov.br/agenda21/ag35.htm, acessado em fevereiro, 2003.
- http://www.unep.ch/, acessado em março, 2003.

OS COMPONENTES DO LIXO URBANO

10

Os resíduos sólidos

Após a produção ou utilização de qualquer material sólido, tanto no âmbito urbano quanto industrial ou agrícola, sobram resíduos. Especialmente em locais menos desenvolvidos, esses resíduos são descartados aleatoriamente; apenas em alguns casos, o descarte obedece a um tratamento regular, tal como nos países mais avançados.

Os resíduos sólidos são muitas vezes chamados **lixo**, sendo considerados pelos geradores como algo inútil, indesejável ou descartável; compõem os restos das atividades humanas. São comumente classificados quanto à origem, composição química, presença de umidade e toxicidade.

Na classificação quanto à **origem**, o lixo pode ser domiciliar, comercial e público, de responsabilidade municipal; é possível ainda ter proveniência hospitalar, industrial, agrícola ou ser um entulho, de responsabilidade do gerador. Classifica-se, assim, o lixo como:

- **domiciliar**, se originado das residências (restos de alimentos, jornais, revistas, embalagens, fraldas descartáveis);
- **comercial**, quando produzido em estabelecimentos comerciais e de serviços (papéis, plásticos, embalagens diversas);
- **público**, no caso de ser proveniente dos serviços públicos (limpeza urbana, limpeza de áreas de feiras livres);
- **hospitalar**, quando descartado em hospitais (resíduos sépticos, como seringas, algodões, tecidos removidos, cadáveres de animais usados em testes, sangue, luvas, remédios com prazo de validade vencido, resíduos assépticos, que não entram em contato direto com pacientes, ou resíduos sépticos);
- **industrial**, se produzido em instalações industriais (cinzas, lodo, escórias, papéis, metais, vidros, cerâmicas);

- **agrícola**, no caso de ser proveniente de atividades agrícolas (embalagens de adubos, defensivos agrícolas, ração, restos de colheitas);
- **entulho**, em se tratando de resíduos originados da construção civil (pedras, tábuas, ladrilhos, caixotes).

Quanto à **composição química**, o lixo pode ser dividido em dois grupos:

- **orgânico**: papel, jornais, revistas, plásticos, embalagens, borracha, pneus, luvas, remédios, restos de alimentos, restos de colheita;
- **inorgânico**: metais, vidros, cerâmicas, areia, pedras.

Quanto à **presença de umidade**, o lixo é separado em:

- **Seco**: aparentemente sem umidade;
- **Úmido**: visivelmente molhado.

Quanto à **toxicidade**, isto é, quanto aos riscos potenciais para o meio ambiente, segundo a Norma NBR 10.004/2004, os resíduos sólidos podem ser enquadrados em uma das duas classes:

- **classe I**: perigosos, que podem ser inflamáveis, corrosivos, reativos, tóxicos e patogênicos;
- **classe II**: não perigosos, subdivididos em:
  - **classe II-A**: não inertes;
  - **classe II-B**: inertes.

Alguns materiais encontrados nos resíduos urbanos são considerados perigosos; consequentemente, devem ser separados do lixo comum para que lhes seja dada uma destinação específica, depois de descartados. Entre eles, incluem-se:

- materiais para pintura: tintas, vernizes, solventes, pigmentos;
- produtos para jardinagem e tratamento de animais: repelentes, inseticidas, pesticidas, herbicidas;
- produtos para motores: óleos lubrificantes, fluidos de freio e transmissão, baterias;
- outros itens: pilhas, frascos de aerossóis, lâmpadas fluorescentes.

O problema do acúmulo de lixo surgiu quando o homem se fixou em um determinado local. A preocupação com a eliminação dos resíduos produzidos implicou sua destinação para locais afastados das aglomerações humanas.

No Brasil, somente em 1928 organizou-se o primeiro serviço municipal de limpeza pública, na cidade do Rio de Janeiro, que era então a capital do País. Antes, o serviço era feito pelos negros escravos, que transportavam em barricas resíduos domésticos e dejetos para serem lançados na Baía de Guanabara.

A composição dos resíduos pós-consumidos

A crise energética mundial, ocorrida em 1973, teve diversas consequências para a sociedade: alertou para a necessidade de economia de energia; incentivou o aproveitamento de fontes renováveis; mostrou a importância da reciclagem de resíduos de processamento e sucatas.

O lixo sólido urbano (ou lixo municipal, ou resíduos sólidos urbanos, RSU, ou resíduos pós-consumidos) apresenta uma grande variedade de componentes. O número de habitantes, o nível educacional, o poder aquisitivo, as condições climáticas, os hábitos e os costumes da população são fatores que influenciam diretamente na composição do lixo municipal. Esses materiais variam em natureza e proporção, conforme o local e a época do descarte, a natureza do refugo, o teor de umidade etc. É importante saber se o material já foi beneficiado por coleta seletiva ou semisseletiva, que remove do lixo os produtos de maior importância econômica, como as garrafas de refrigerante de PET [poli(tereftalato de etileno)].

O **Quadro 10.1** mostra a composição do lixo sólido da cidade do Rio de Janeiro no período de 1995 a 2003. Em 2003, essa cidade descartou diariamente cerca de 8 mil toneladas de lixo. Os componentes principais desses resíduos pós-consumidos são: papel, plástico, vidro, metal, matéria orgânica e outros, como folha seca, trapo, madeira, borracha etc. Verifica-se que, de um modo geral, considerando o grande erro experimental, os valores se mantêm mais ou menos estáveis, com grande predominância de matéria orgânica (acima de 50%), principalmente restos de alimentos. Uma grande parte do lixo é constituída de resíduos de embalagens de papel (cerca de 20%); vidro e metal representam um pequeno percentual (3% e 2%, respectivamente) de material nobre e de fácil recuperação. O plástico constitui pouco menos de 20% desse total, tanto quanto a fração de papel.

Quadro 10.1 **Variação na composição dos resíduos sólidos urbanos da cidade do Rio de Janeiro**									
Componentes	Composição por ano (%)								
	1995	1996	1997	1998	1999	2000	2001	2002	2003
Papel	24	22	21	22	22	20	19	19	16
Plástico	15	15	16	17	20	18	20	18	19
Vidro	3	4	3	4	3,5	3	4	3	3
Metal	3,5	3	3	3	2	3	2	2	2
Matéria orgânica	46	49	49	49	50	51	52	56	53
Outros[*]	8,5	7	8	5	2,5	5	3	2	7

[*]Folha seca, madeira, borracha, trapo, couro, casca de coco, etc.
Fonte: Comlurb - Companhia Municipal de Limpeza Urbana do Rio de Janeiro – *Caracterização do lixo urbano*, 2004.

O metal

Os **metais** são bens econômicos escassos e não renováveis. Embora o Brasil seja o maior produtor de minério de ferro do mundo e possua vastas jazidas de minérios de cromo, manganês e alumínio, o País não é autossuficiente na produção de alguns metais não ferrosos, como o cobre, o chumbo, o zinco, o níquel e o magnésio.

As embalagens metálicas são de diversos tipos, destacando-se as embalagens de **aço** e de **alumínio**. O aço deve ter baixo teor de carbono (0,06% a 0,15% C), a fim de propiciar ao laminado dutilidade suficiente para que possa se deformar durante a elaboração das latas, sem sofrer rompimentos. O estanho é o metal protetor do produto a ser acondicionado na lata. O laminado de aço revestido com estanho constitui a folha de flandres, utilizada na fabricação de latas de conservas alimentícias; o laminado de aço revestido com cromo é empregado nas latas para embalagem de óleo. As latas de aço não revestido são utilizadas na embalagem de tinta. As latas de alumínio são empregadas na embalagem de cerveja e refrigerantes.

No processo primário, o metal resulta da redução do minério de ferro a temperaturas muito elevadas, com alto consumo de energia. No processo secundário, o metal provém da fusão do material já usado, sucata, e o consumo de energia é menor. Essas embalagens apresentam um alto potencial de reciclagem porque o material tem a possibilidade de ser processado inúmeras vezes, sem perda de suas propriedades, produzindo lingotes ou laminados. Os produtos metálicos reciclados mostram-se tão bons quanto os produtos primários para a maioria das aplicações. Entretanto, a condutividade elétrica e a resistência à corrosão podem sofrer alteração por diminutos teores de impurezas metálicas ou por elementos não metálicos introduzidos na reciclagem.

As latas de alumínio surgiram no mercado norte-americano em 1963. A fabricação de alumínio a partir do minério, a bauxita (óxidos de alumínio e ferro) – no Brasil encontram-se as maiores jazidas do mundo – é feita em duas etapas separadas: o isolamento do óxido de alumínio e a obtenção do alumínio, por redução eletrolítica da alumina fundida. O alumínio produzido pode ser de primeira fusão, quando provém diretamente da alumina, ou de segunda fusão, quando originário da refundição da sucata de alumínio. O grau de rigidez do material depende da espessura da folha laminada, da qualidade da liga e de sua têmpera.

Após o consumo, as latas de alumínio passam por um processo de reciclagem. Para isso, são coletadas, amassadas, enfardadas e encaminhadas à indústria onde ocorrerá a fundição. O recolhimento e o armazenamento são feitos por catadores, entidades filantrópicas, além de uma rede de sucateiros, supermercados, escolas e empresas. Após essa etapa, as latinhas amassadas são fundidas em fornos na indústria de fundição e se transformam em lingotes. Esses lingotes são vendidos aos fabricantes de lâminas ou repassados à indústria de autopeças. A economia gerada pela reciclagem de alguns metais equivale a cerca de 90% do mesmo material oriundo do minério, conforme se pode observar no **Quadro 10.2**. Nota-se que o consumo da energia é maior para os materiais primários níquel, magnésio e alumínio graças à necessidade de fusão da matéria-prima inicial; no metal secundário, entretanto, a matéria-prima se encontra em condições físicas de aquecimento mais fáceis, sem os contaminantes do minério.

Quadro 10.2
Consumo de energia na produção de metais primários e secundários

N°	Metal	Energia empregada na produção de 1 tonelada		Energia poupada na reciclagem	
		Metal primário (kWh/t)	Metal secundário (kWh/t)	(kWh/t)	(%)
1	Níquel	23.000	600	22.400	97
2	Alumínio	17.600	750	16.850	96
3	Zinco	4.000	300	3.700	93
4	Magnésio	18.000	1.830	16.170	90
5	Chumbo	3.954	450	3.504	89
6	Cobre	2.426	310	2.116	87
7	Estanho	2.377	360	2.027	85

Fonte: M.E.M. Udacta & P.H. Kanayama – *A conservação de energia elétrica a partir da reciclagem de lixo*. Anais do Seminário de Reciclagem de Resíduos, Vitória, Editora ABM, 1997, p. 215-232, C. Bradaschia – *Metais não ferrosos recuperados: sua importância tecnológica e na economia de energia*, Anais do 41° Congresso Anual da Associação Brasileira de Engenharia Metalúrgica e de Materiais, vol. 2, São Paulo, 1986. p. 123-139.

O vidro

O **vidro** é um material obtido pela fusão de compostos inorgânicos, como areia, barrilha, calcário e feldspato, a temperaturas da ordem de 1.500 °C. A sílica, SiO_2, é o principal componente do vidro; é encontrada abundantemente na Natureza, sob a forma de areia. Tem alta temperatura de fusão. Depois de fundido, o vidro é moldado em formas metálicas e resfriado sob temperaturas escalonadas.

A temperatura de fusão varia com o tipo de vidro, normalmente entre 1.000 °C e 1.500 °C. Os tipos de vidro mais comuns são:

- vidro de soda-cal, que é o vidro comum, é o mais fabricado (90% do total);
- vidro de borossilicato, componente essencial para a fabricação do pirex;
- vidro de chumbo, que é o cristal, feito com óxido de chumbo;
- vidros especiais, os produzidos com fórmulas específicas.

A indústria vidreira abastece o mercado com extensa linha de vasilhas para alimentos, como potes, garrafas, garrafões, copos, além de utensílios domésticos, incolores ou coloridos, brilhantes ou foscos, e recipientes resistentes ao choque térmico.

Podem ser reciclados garrafas de refrigerante, cerveja, suco, água mineral, vinho e de outras bebidas alcoólicas; frascos de molho, condimento, produto alimentício, remédio, perfume e de produto de limpeza. Alguns objetos obtidos a partir do vidro apresentam dificuldades técnicas para a reciclagem em relação às embalagens comuns; por exemplo, espelhos, vidros de janela, box de banheiro e vidros de automóvel, potes de cristal, lâmpadas, formas, travessas e utensílios de vidro temperado.

A reciclagem do vidro se dá sem perda de volume ou das propriedades: 1 kg de cacos de vidro pode ser transformado infinitas vezes em 1 kg de vidro. O emprego de um terço de cacos de vidro na mistura resulta em 20% de economia de energia, pois esse material recuperado necessita de menos calor para fundir do que os minerais *in natura*. No processo de reciclagem, é utilizado cerca de um quarto de matéria-prima reciclada sob a forma de cacos, que são reduzidos de tamanho, lavados e totalmente liberados de impurezas. Depois são adicionados à mistura de matérias-primas, que é transformada em garrafas, potes e frascos novos.

O recipiente reciclado apresenta as mesmas propriedades do material produzido a partir da matéria-prima virgem: continua impermeável, puro, inerte, não deixa sabor no conteúdo, não sofre restrições quanto ao uso – pode, portanto, acondicionar alimentos, bebidas e medicamentos.

Na reciclagem do vidro, os cacos funcionam como matéria-prima já balanceada, podendo substituir o feldspato que tem função fundente, pois os cacos não precisam de temperatura tão alta para se fundir. Os cacos devem ser separados por cor (transparente incolor, transparente marrom e transparente verde) para serem adicionados à matéria-prima virgem. O vidro comum funde-se a uma temperatura entre 1.000 °C e 1.200 °C, enquanto a temperatura de fusão na fabricação do vidro, a partir dos minérios, ocorre entre 1.500 °C e 1.600 °C.

Assim, a fabricação do vidro a partir dos cacos economiza a energia gasta na extração, no beneficiamento, no transporte dos minérios não utilizados e na própria transformação. A economia de energia é a principal vantagem do processo de reciclagem do vidro e se reflete também na maior durabilidade dos fornos.

O papel

Basicamente, o **papel** é composto de fibras celulósicas obtidas da madeira; essas fibras podem ser primárias, quando provenientes de matéria-prima natural, ou secundárias, quando já passaram por máquinas de fabricação de papel.

O papel, a cartolina e o papelão se distinguem por sua **gramatura**, isto é, pelo peso em gramas de 1 m^2; pela espessura, isto é, a distância entre uma e outra face do papel; e pela rigidez, isto é, a capacidade de permitir que o material se dobre ou curve, como se observa no **Quadro 10.3**.

Quadro 10.3 Tipos de papel e suas principais características				
Tipo	Definição	Gramatura (g/m^2)	Espessura (µ)	Rigidez
Papel	Lâmina ou folha de fibras cruzadas, de origem vegetal	Até 120 a 130	Até 150	Folha flexível
Cartolina	Cartão leve ou fino	De 120/150 a 200/250	De 150 a 300	Folha rígida
Papelão	Folha de papel grosso	A partir de 200/250	Superior a 300	Folha rígida

Fonte: J. Evangelista - *Tecnologia de Alimentos*. São Paulo, Editora Atheneu, 1994.

Para ser reciclado, o papel não deve conter impurezas, como: corda, barbante, metal, vidro, pedra, madeira e plástico. São proibitivos: papel vegetal; papel-carbono; papel e cartão impregnados com substâncias impermeáveis à umidade, como parafina, cola, silicone, revestimento plástico ou metálico; papel sujo, engordurado ou contaminado com produtos químicos nocivos à saúde; papel sanitário usado, como papel higiênico, papel-toalha, guardanapo e lenço de papel.

O papel que será reciclado percorre uma cadeia formada por catadores, pela indústria de papel, pelo mercado consumidor e depois volta novamente aos catadores. Passa por processo manual de separação, escolha, classificação e enfardamento. Depois de coletado e selecionado, o papel sofre o processo de reciclagem propriamente dito. Nessa etapa, ele é desfibrilado em meio à grande volume de água. A massa formada pode passar entre cilindros e ser transformada em diferentes tipos de papel de várias espessuras, ou em papelão, ou pode produzir polpa. Nesse último caso, a massa de papel é colocada em formas de metal e comprimida, para remoção da água.

Os tipos de apara selecionáveis para reciclagem são principalmente papel ondulado, apara mista (sobra de escritório), papel para impressão e copiadora, papel de jornal e papel para sacos de cimento. Cada tipo de apara representa um produto final diferente. A mistura de papel branco, proveniente da apara mista e de papel de jornal, gera o papel higiênico popular; o papel higiênico de primeira qualidade é obtido a partir da celulose. Mistura de papel ondulado, papel *kraft* e papel de saco de cimento geram caixas para embalagem.

Na reciclagem do papel, muitas vezes não é necessário o branqueamento, pois o material pode ter cor amarelada e se enquadrar em uma categoria inferior. O produto final da reciclagem é o papel ondulado. Não se usam técnicas de limpeza fina, como retirada de tintas e lavagens especiais para branqueamento do material. Entretanto, é preciso deixar claro ao consumidor que o produto assim reciclado mantém bactérias, contaminantes e impurezas iniciais e, tal como ocorre com o plástico reciclado, não tem qualidade para uso em contato com alimentos, medicamentos ou cosméticos.

Recicla-se a apara de papel até a perda da fibra, isto é, três vezes. O padrão de qualidade do material baixa a cada ciclo de uso-descarte-recuperação. Esse problema pode ser minimizado pela adição de material celulósico de fibra longa, como papel *kraft*. O produto desfibrilado pode ser aproveitado como matéria-prima celulósica para a fabricação de celulose regenerada (ou raiom viscose), acetato de celulose, metilcelulose ou carboximetil celulose.

A reciclagem do papel apresenta algumas dificuldades:

- falta de homogeneidade das aparas;
- necessidade de eliminação das impurezas presentes na massa, provenientes da desagregação do papel;
- descarte e tratamento dos rejeitos gerados;
- produtos de papel cada vez mais sofisticados em sua fabricação, de difícil reciclagem;
- extensão territorial do Brasil, pois o custo do transporte pode inviabilizar o aproveitamento de aparas.

O plástico

Os plásticos, as borrachas e as fibras são constituídos principalmente de **polímeros**, que são moléculas em cuja estrutura se encontram unidades químicas simples, repetidas, denominadas **meros**. São moléculas muito grandes, **macromoléculas**, com peso molecular geralmente entre 10.000 e 100.000. Os monômeros são compostos químicos que reagem para formar polímeros por uma reação chamada polimerização.

Os polímeros podem ser classificados em dois grandes grupos quanto ao seu comportamento quando aquecidos:

- **termoplásticos**, os que fundem por aquecimento e solidificam por resfriamento, reversivelmente; por exemplo, o polietileno e o poli(tereftalato de etileno), isto é, o PET;
- **termorrígidos**, aqueles que, por aquecimento, sofrem reação química e se transformam em massa insolúvel e infusível, como a resina fenólica e a borracha vulcanizada. Esses são os termorrígidos químicos. Há também materiais do tipo termorrígido físico, em que as ligações intermoleculares são hidrogênicas, como é o caso da celulose do papel.

O comportamento mecânico é também uma forma bastante utilizada para classificar os polímeros:

- **borrachas** ou **elastômeros**, materiais que, à temperatura ambiente, exibem elevada elasticidade, suportando grandes deformações sem ruptura, com rápida e espontânea retração ao tamanho original;
- **plásticos**, materiais que se tornam fluidos por ação da temperatura e podem ser moldados por pressão; tornam-se sólidos por resfriamento;
- **fibras**, materiais que apresentam alta resistência mecânica e elevada razão entre as dimensões longitudinal e transversal.

Desses três tipos de material polimérico, os plásticos são os que se encontram mais presentes no lixo; ocupam grande volume em relação ao peso, o que os tornam mais visíveis, como poluidores do meio ambiente. Assim, sua reciclagem será abordada separadamente, adiante, no **Capítulo 13**.

A borracha

Os pneus são constituídos de borrachas natural e sintética vulcanizada, que são polímeros termorrígidos. Quando abandonados inadequadamente, os pneus servem como local para procriação de mosquitos, pequenos roedores e outros vetores de doenças, além de representarem um risco constante de incêndio, o que contamina o ar com uma fumaça negra altamente tóxica, com presença de um óleo que se infiltra e contamina o lençol freático.

As tecnologias mais comuns para dar destino aos pneus usados, além de sua reutilização, são a composição asfáltica, a reforma, a regeneração, a pirólise e a reciclagem energética.

Os pneus descartados podem ser reutilizados pela engenharia civil, na manutenção de encostas, ou reciclados para outras funções. Podem ainda ser incorporados, em pedaços ou em pó, ao asfalto empregado na pavimentação de rodovias. Esse processo, apesar de apresentar maior custo, tem a vantagem de duplicar a vida útil das estradas, pois confere ao pavimento propriedade de maior elasticidade diante das mudanças de temperatura, além de diminuir o ruído dos veículos que circulam na rodovia e reduzir o armazenamento de pneus velhos.

Existem, basicamente, dois processos para reforma de pneus:

- **remoldagem** – o pneu é reconstruído pela substituição da banda de rodagem, dos ombros e de toda a superfície de seus flancos;
- **recauchutagem** – o pneu é recuperado pela troca apenas da banda de rodagem.

Para a reforma do pneu, é fundamental que a sua estrutura geral não apresente cortes e deformações e que a banda de rodagem ainda tenha os sulcos e saliências originais, condições para sua aderência ao solo.

Para a grande maioria dos processos de reciclagem, há necessidade de reduzir o tamanho das partículas do pneu, além de separar a borracha das partes metálicas e do náilon. Assim, a granulação é a primeira etapa a ser feita para a recuperação do pneu; nesse processo, geralmente os constituintes são separados. A reciclagem do pneu é mais dispendiosa que a do plástico porque a borracha está vulcanizada, enquanto o plástico presente no material pós-consumido é, em geral, termoplástico.

Na reciclagem química, a borracha sofre reconstituição parcial da macromolécula original, resultando a **borracha regenerada**. Para isso, o pneu descartado é moído, adicionando-se álcali, mercáptans ou óleos minerais sob aquecimento, visando romper algumas ligações da molécula. A borracha regenerada é utilizada na confecção de produtos com menor grau de exigência técnica, como tapetes para carro e solados de sapato.

A **pirólise** é um processo de degradação térmica em ausência de oxigênio; permite a produção de óleo e gás para serem utilizados como combustível em processos industriais. O óleo obtido da pirólise dos pneus, após condensação e decantação, serve de combustível para a indústria. O gás produzido na pirólise é um excelente combustível, consumido dentro da própria indústria; uma vez gerado, aquece a caldeira onde ocorre a pirólise, gerando mais gás, que a reaquece.

O pneu pode ser utilizado como fonte de energia pela sua queima, o que caracteriza a **reciclagem energética**. O maior problema ambiental encontrado nesse processo é a emissão de gases, como o dióxido de enxofre, que podem levar à precipitação de **chuvas ácidas**. Assim, torna-se necessário o tratamento desses gases, o que encarece o processo.

Na fabricação do cimento, o pneu é utilizado como combustível no forno da cimenteira e suas cinzas são agregadas ao cimento no próprio forno.

A matéria orgânica

A **matéria orgânica** encontrada nos refugos municipais contém essencialmente restos de alimentos, consistindo de carboidratos: arroz, feijão, batata, mandioca, macarrão; proteínas: carne, peixe, ovo; gorduras: óleos de salada e de fritura; e restos de vegetais: salada, fruta, verdura. Quando se trata de áreas rurais, o lixo ainda contém grama e resíduos de animais. Além disso, inclui também palhas e folhas secas, ricas em celulose. Esse material heterogêneo é rico em nutrientes para micro-organismos, que se desenvolvem com facilidade e provocam fermentação. Essa é uma matéria-prima excelente para a produção de fertilizantes orgânicos, designados como **compostos**, obtidos pelo processo de **compostagem**.

No Brasil, esses componentes orgânicos somam cerca de 60% do peso do lixo coletado. Nos Estados Unidos, representam 12%; na Índia, 68%, e na França, 23%. Tais dados permitem concluir que, quanto mais desenvolvido o país ou quanto mais alta é a classe social, menor é a proporção de resíduos orgânicos compostáveis e maior a de recicláveis (papel, papelão, vidro, metal e plástico).

A matéria orgânica decorrente dos restos de alimento, que constitui aqui mais da metade do lixo municipal, é um resíduo valioso para a produção de adubo. O processo empregado, denominado **compostagem**, consiste na estabilização biológica da matéria orgânica pela ação controlada de micro-organismos, para transformá-la em **compostos** ou **húmus**. É uma técnica tradicional de tratamento para o lixo urbano. A produção e a utilização do composto permitem reconstituir e manter o ciclo da matéria orgânica, indispensável ao equilíbrio ecológico do solo. Os compostos, embora pobres em macronutrientes, como nitrogênio, fósforo e potássio, fornecem diversos micronutrientes às plantas. O seu efeito mais notável é a bioestruturação do solo, a redução da erosão, o aumento da aeração, a retenção de água, a penetração das raízes e, assim, o aumento da vida dos micro-organismos presentes no solo. Restos de alimento, esterco de animais e aparas de grama, folhas e galhos constituem materiais que podem ser compostados.

Pequenas composteiras podem ser empregadas com bom resultado, fazendo a compostagem em pilhas para a geração de grandes volumes de produto e associando o trabalho da compostagem com o de minhocário.

Os principais fatores que afetam a velocidade de degradação da matéria orgânica são a umidade, o oxigênio, a razão carbono/nitrogênio (C/N) do material e a temperatura. Os micro-organismos necessitam de uma mistura rica em carbono, isto é, palhas e folhas, e de algum material rico em nitrogênio, isto é, esterco. O material para ser degradado deve conter em torno de 25 a 30 partes de carbono para cada parte de nitrogênio. Além disso, para um rápido desenvolvimento, as condições favoráveis são 50% de umidade e temperatura entre 40 °C e 50 °C. Quando a atividade dos micro-organismos é máxima, a temperatura no interior da pilha que está sendo compostada sobe a 60 °C. O composto está pronto para uso quando a temperatura no interior da pilha retorna a valores próximos aos da temperatura ambiente.

O **Quadro 10.4** mostra a razão C/N de alguns resíduos descartados. Nota-se que os materiais mais ricos em carbono são os cavacos de madeira ou serragem, palha de milho e papel, todos constituídos basicamente por celulose, e que o mais rico em nitrogênio é o esterco de porco, graças à alimentação altamente proteica do animal.

Para a produção de um composto de lixo com aspecto satisfatório para a venda ao agricultor, é importante evitar a presença de inertes, também denominados contaminantes. São partículas grosseiras, como cacos de vidro, de louça, pedaços de plástico ou de metal, papel, pedras e outros, que podem ser removidos por meio de catação e de peneiramento final do produto acabado. Outra forma de remoção é o separador balístico, que se baseia no princípio da diferença de densidade dos materiais e que permite que a matéria orgânica, menos densa, seja projetada a pequenas distâncias, enquanto os contaminantes são lançados para mais longe. Pedaços de filme plástico são separados por ventilação, quando ainda na esteira de catação, sendo soprados para uma gaiola em que são armazenados. A remoção desses contaminantes é muito importante pois alguns deles, como borracha, papel de revista, plástico e tecido, podem conter metais pesados, que são tóxicos para as plantas e seus consumidores.

O sistema de descarte seletivo domiciliar em lixo seco – embalagens de papel, lata, plástico, vidro, trapo – e lixo úmido (ou molhado), composto de matéria orgânica, permite obter resíduos orgânicos mais nobres, potencialmente isentos desses contaminantes, uma vez que o nível de qualidade do composto irá depender da origem e da natureza da matéria-prima.

Quadro 10.4 Razão C/N de alguns resíduos	
Material	Razão C/N
Bagaço de laranja	18/1
Casca de arroz	39/1
Cavaco de madeira ou serragem	100 a 600/1
Esterco de gado	18/1
Esterco de galinha	10/1
Esterco de porco	5 a 7/1
Grama de jardim	36/1
Palha de milho	110/1
Papel	150 a 200/1
Restos de verdura	15/1

Fonte: *Caderno de reciclagem nº. 6 – Compostagem: a outra metade da reciclagem*. São Paulo. CEMPRE, 1997.

Os resíduos da construção civil

Os materiais usados na construção civil constituem uma grande fonte de resíduos sólidos. São constituídos de uma ampla variedade de produtos, que podem ser classificados em:

- **solo** – material não consolidado, geralmente proveniente da decomposição de rochas, que engloba matéria orgânica, inorgânica e vida bacteriana;
- **materiais cerâmicos** – compostos por rochas naturais; concreto; argamassas à base de cimento e cal; resíduos de cerâmica vermelha, como tijolos e telhas; cerâmica branca, especialmente a de revestimento; cimento-amianto; gesso e vidro;
- **materiais metálicos** – como aço, latão, chapas de aço galvanizado etc.;
- **materiais orgânicos** – como madeira natural ou industrializada; plásticos diversos; materiais betuminosos; tintas e adesivos; papel de embalagem; restos de vegetais e outros produtos de limpeza de terrenos.

Uma ideia do consumo anual desses materiais é mostrada no **Quadro 10.5**. Observe-se que o concreto constitui cerca de 50% do material consumido, portanto, também descartado após o tempo de vida útil das construções, que é estimado em 50 anos. A madeira e a cerâmica, com cerca de 10% cada um, apresentam resíduos para futuro descarte. Os plásticos representam apenas 2% de consumo anual e dão origem a posterior refugo. Como se trata de quantidades imensas de material consumido anualmente – cerca de 2 bilhões de toneladas –, o papel desses refugos de material de construção não pode ser ignorado.

De maneira geral, a quantidade de resíduos da construção, gerada nas cidades, é igual ou maior que a produzida pelos domicílios. No Brasil, a estimativa de geração por ano é cerca de 445 kg/habitante. As estimativas anuais para outros países variam entre 325 e 2.311 kg/habitante (**Quadro 10.6**). Observa-se grande variabilidade nas estimativas apresentadas por diferentes fontes para um mesmo país. Alguns autores incluem a remoção de solos, enquanto outros excluem esse valor.

Quadro 10.5 Consumo anual de materiais de construção nos Estados Unidos (1992)		
Material	Consumo anual	
	Peso (10^6 ton)	Teor (%)
Concreto	1.000	50
Madeira	240	12
Cerâmica	200	10
Painéis/divisórias	80	4
Ferro/aço	60	3
Plástico	40	2
Outros	380	19
Total	2.000	100

Fonte: *Chemical Engineering News*, 30/6/1994, p. 20-43.

	Quadro 10.6	
	Estimativa de geração de resíduos da construção civil	
Nº	País	Quantidade média gerada (kg/habitante/ano)
1	Alemanha	2.311
2	Bélgica	2.047
3	Dinamarca	1.225
4	Holanda	1.060
5	Inglaterra	1.000
6	Japão	785
7	Itália	645
8	Estados Unidos	524
9	Brasil	445
10	Suécia	408
11	Portugal	325

Fonte: V.M. John — *Reciclagem de Resíduos da Construção Civil*. Seminário Nacional sobre Reciclagem de Resíduos Sólidos Domiciliares, Secretaria do Estado do Meio Ambiente de São Paulo, Cetesb, 2000; http://www.solucaoderesiduos.com.br/saibamais/metais.htm, acessado em agosto, 2004.

A reciclagem dos resíduos da construção civil consta de uma etapa de seleção em três grupos:

- materiais compostos de areia, cal e cimentos, por exemplo, concretos, argamassas e blocos de concreto;
- materiais cerâmicos, por exemplo, telhas, manilhas, tijolos e azulejos;
- resíduos não utilizados no agregado, por exemplo, solo, vidro, plástico, papel, madeira e outros.

Depois de separado, os resíduos são triturados, obtendo-se, então, os agregados reciclados que podem ser utilizados na fabricação de peças pré-moldadas não estruturadas, agregados para sub-base de pavimentos, guias e sarjetas, e blocos de concreto de vedação. Parte dos resíduos da construção civil pode ser reutilizada na própria obra para o fechamento de valas e a construção de contrapisos. O agregado reciclado apresenta qualidade inferior ao agregado tradicional, pois suas características variam de um lote para outro, em razão da heterogeneidade dos resíduos.

Bibliografia recomendada

- ABNT Associação Brasileira de Normas Técnicas, NBR 10.004: Resíduos Sólidos (2004).

- Bradaschia C. *Metais não ferrosos recuperados: sua importância tecnológica e na economia de energia*, Anais do 41º Congresso Anual da Associação Brasileira de Engenharia Metalúrgica e de Materiais, vol. 2, p. 123, São Paulo (1986).

- CEMPRE Compromisso Empresarial para Reciclagem *Manual de Gerenciamento Integrado*. São Paulo (1995).

- CEMPRE Compromisso Empresarial para Reciclagem. Caderno de Reciclagem nº 6 – *Compostagem: a outra metade da reciclagem*, São Paulo (1997).

- COMLURB Companhia Municipal de Limpeza Urbana do Rio de Janeiro *Caracterização do lixo urbano 2004*.

- Chemical Engineering News, 30/6/1994, p. 20.

- Evangelista J. *Tecnologia de Alimentos*, Editora Atheneu, São Paulo (1994).

- John V.M. *Reciclagem de Resíduos da Construção Civil*, Seminário Nacional sobre Reciclagem de Resíduos Sólidos Domiciliares, CETESB, Secretaria do Estado do Meio Ambiente de São Paulo (2000).

- Mano, E.B. & Mendes, L.C. *Introdução a Polímeros*, Editora Blucher, São Paulo (1999).

- Sandroni, M. & Pacheco, E.B.A.V. *Os destinos dos pneus inservíveis*. Jornal de Plásticos, outubro (2003), p. 8.

- Udacta, M.E.M. & Kanayama, P.H. *A conservação de energia elétrica a partir da reciclagem de lixo*, Anais do Seminário de Reciclagem de Resíduos, Vitória, Editora ABM (1997), p. 215.

- http://www.ambientebrasil.com.br/reciclagem, acessado em agosto, 2004.

- http://www.cempre.org.br/fichas_tecnicas_composto.php, acessado em agosto, 2004.

- http://www.solucaoderesiduos.com.br/saibamais/metais.htm, acessado em agosto, 2004.

- http://educar.sc.usp.br/ciencias/recursos/solo.html#introdu, acessado em setembro, 2004

O GERENCIAMENTO DOS REFUGOS URBANOS

Os 3 Rs

O problema do descarte do lixo está diretamente relacionado ao aumento crescente de sua produção e à falta de locais adequados para a sua disposição. A vigorosa industrialização do mundo moderno e a incorporação de novos hábitos de consumo na sociedade fizeram surgir as embalagens descartáveis. São gerados cada vez mais resíduos, principalmente plásticos em forma de *commodities*, empregados na fabricação de artefatos, que serão comentados no **Capítulo 12**.

O gerenciamento da destinação dos resíduos urbanos é um conjunto de ações normativas, operacionais, financeiras e de planejamento para disposição do lixo de forma ambientalmente segura, utilizando tecnologias compatíveis com a realidade local.

Para atingir o objetivo, é em geral adotada a filosofia comumente condensada sob a denominação 3R, que significa **Reduzir**, **Reutilizar** e **Reciclar**.

Antes do consumo, primeiramente é preciso **Reduzir** o volume do material a ser descartado, por redimensionamento das embalagens em relação à quantidade de material utilizado e modificação da forma dos recipientes. Após o descarte, é necessário que o governo estabeleça programas de incentivo à redução do lixo produzido.

Ao planejar a embalagem de artigos de consumo, o fabricante deve levar em consideração a possibilidade de o consumidor **Reutilizar** a embalagem, seja como recipiente, pote, garrafa ou frasco, para alguma utilização caseira. É uma forma de estender a vida útil do artefato.

A última opção para diminuir a grande quantidade de material refugado é **Reciclar**. Na reciclagem, o que se aproveita é o material para ser transformado em uma nova peça ou para recuperar energia, fazendo retornar ao ciclo produtivo parte das matérias-primas ou da energia.

Assim, para garantir as condições de existência das futuras gerações, sem deixar de atender às necessidades das atuais, deve haver um compromisso entre os setores industriais e a sociedade em relação às práticas de produção e de consumo. Antes do descarte do lixo, deve-se avaliar o seu potencial de redução, reutilização e reciclagem; o meio ambiente se beneficiará caso seja seguida a sequência citada. O ideal seria reduzir o consumo, por uma mudança de atitude, evitando principalmente o desperdício; também é importante a redução das dimensões e do peso dos produtos consumidos. Depois, deve-se reutilizar a embalagem ao máximo e, por último, caso não seja possível executar esses dois princípios iniciais, reciclá-la.

A coleta seletiva

Nos centros urbanos, é comum a municipalidade encarregar-se da coleta do lixo domiciliar, em caminhões que transportam esse material para destinações variadas. Nas pequenas cidades do interior, o serviço de coleta muitas vezes é inexistente, cabendo aos geradores do lixo o seu descarte, geralmente feito em vazadouros. No transporte do lixo podem ser utilizados diferentes tipos de veículos, desde os de tração animal até os caminhões dotados de carroceria compactadora.

Em países mais adiantados, as grandes e médias cidades dispõem de serviço municipal de coleta seletiva. A **coleta seletiva** é caracterizada pela separação dos materiais na fonte, pela população, com posterior coleta e envio a usinas de triagem, cooperativas, sucateiros, beneficiadores ou recicladores. A implementação da coleta seletiva constitui a principal ação para o desenvolvimento da reciclagem e da reutilização. Os refugos sólidos urbanos são muitas vezes comparados a um "minério" do qual se podem recuperar diversos produtos, como papel, metais, vidro e plástico.

Os critérios adotados para a coleta seletiva variam muito conforme o país e a instituição. Por exemplo, no Japão, a coleta seletiva geralmente se resume a separar o material combustível do não combustível, para posterior incineração. Em algumas cidades da Inglaterra, há locais específicos destinados a receber tipos de peças a serem descartadas como, por exemplo, peças de computador, televisão, geladeira e móveis. Nos Estados Unidos, em alguns supermercados, cadeias de lanchonete e postos de gasolina, são colocados grandes recipientes com cores e indicações sugestivas do tipo de material a ser ali coletado, havendo, inclusive, cuidado de separar os resíduos líquidos dos resíduos sólidos. Na Alemanha e em outros países da Europa, cada residência ou instituição dispõe de uma série de recipientes em que o gerador separa lixo orgânico, plástico, vidro, pilha, papel e embalagem multicamada. Nas portarias dos edifícios, há grandes recipientes contendo separadamente lixo orgânico, papel e plástico; esses refugos são coletados por caminhões em dias diferentes. Os outros tipos de material reciclável, como vidro e metais, são levados pelo gerador a centros de coleta específicos, em que vidros são separados até por sua cor.

Nos laboratórios do Instituto de Macromoléculas Professora Eloisa Mano (IMA), da Universidade Federal do Rio de Janeiro (UFRJ), a coleta é realizada subdividindo os resíduos líquidos em orgânicos clorados e não clorados, que são encaminhados a uma empresa de incineração, credenciada pelo órgão ambiental. Os recipientes de vidro dos reagentes dos laboratórios, depois de utilizados, são lavados e secos, têm suas tampas retiradas e, posteriormente, são separados por diferença de cor, (âmbar e incolor) e colocados em tambores identificados. Periodicamente, um sucateiro recolhe esses recipientes e os encaminha a uma empresa vidreira, para que os resíduos sejam integrados diretamente ao processo produtivo. O papel é separado pelo gerador e encaminhado para a reciclagem pelos empregados responsáveis pela limpeza do prédio. Também são coletados os recipientes de PET, latas de alumínio e termômetros. Esse programa de coleta está em funcionamento regular desde 1996.

De um modo geral, o programa de coleta seletiva pode ser realizado de duas formas:

• **coleta porta a porta**, realizada por caminhão; os materiais secos são coletados separadamente ou todos juntos, dependendo do objetivo do programa implantado;

• **postos de entrega voluntária** (PEVs), geralmente instalados em pontos estratégicos, para onde a população pode levar os seus materiais pós-consumidos, a serem colocados em caçambas e contêineres de diferentes cores.

Como aspectos favoráveis do programa de seleta coletiva, podem ser citados:

• boa qualidade dos materiais recuperados;

• possibilidade de execução em pequena escala, com posterior ampliação;

• possibilidade de formação de parcerias com catadores, empresas, associações ecológicas, escolas, sucateiros etc;

• redução do volume do lixo a ser descartado;

• favorecimento do estímulo à cidadania.

Como aspectos desfavoráveis, incluem-se:

• necessidade de caminhões especiais passando em dias diferentes dos da coleta convencional;

• necessidade de um centro de triagem, onde os recicláveis sejam separados por tipo especificado.

A implantação de programas de coleta seletiva passa necessariamente pela educação ambiental, peça fundamental para o sucesso de qualquer projeto. Esse sistema visa a ensinar ao cidadão o seu papel como gerador de lixo, e precisa ser cultivado desde cedo, principalmente em escolas de ensino fundamental, sem deixar, no entanto, de envolver a comunidade inteira.

A destinação dos resíduos sólidos

Em países menos desenvolvidos, após a coleta, várias formas de destinação podem ser escolhidas. O resíduo urbano, depois de descartado, é geralmente enviado a um vazadouro, ou a um aterro controlado, ou a um aterro sanitário, ou à triagem. Daí, o material é encaminhado à reciclagem, ou à reutilização, e depois à compostagem e/ou incineração. O **Quadro 11.1** permite compreender melhor as principais rotas de destinação dos resíduos urbanos pós-consumidos, apontando as principais vantagens e desvantagens de cada uma.

As instalações de reciclagem, incineração e compostagem precisam de um local onde sejam descartados, de forma apropriada, as sobras e os refugos provenientes do processamento do lixo. Nesse caso, o aterro pode servir também como alternativa em situações de emergência.

No Brasil, em 2002, cerca de 130 mil toneladas/dia de lixo urbano foram descartadas, sendo 94% em lixões, aterros controlados e aterros sanitários. O **Quadro 11.2** ilustra a distribuição detalhada desse material.

Os maiores problemas para a implantação de aterros são:

- o risco de poluir o solo e os cursos de água, superficiais ou subterrâneos;

Quadro 11.1		
Principais rotas para a destinação dos resíduos urbanos pós-consumidos		
Rota	Vantagens	Desvantagens
Aterro — Vazadouro	• Custo baixo • Ausência de técnica especial	• Falta de espaço para aterro • Contaminação da água • Reação negativa da população • Falta de legislação municipal • Custos de transporte
Aterro — Aterro controlado	• Maior simplicidade de técnica • Menor custo que o aterro sanitário	• Não há um tratamento completo dos efluentes
Aterro — Aterro sanitário	• Ausência de contaminação do terreno • Possibilidade de reurbanização do local	• Falta espaço para aterro sanitário • Ausência de legislação municipal • Custos de transporte
Reciclagem	• Despoluição ambiental • Reposição parcial de matéria-prima • Possibilidade de criação de cooperativas de mão de obra • Redução de material enviado aos aterros • Autofinanciável • Baixo custo	• Grande volume de estoque de resíduos • Dificuldade/impossibilidade de obtenção de materiais reciclados competitivos • Alta heterogeneidade e composição irregular da matéria-prima • Disponibilidade irregular de resíduos
Compostagem	• Obtenção de adubo orgânico • Eliminação do refugo orgânico	• Eventual contaminação com metais tóxicos • Baixa qualidade do adubo
Incineração	• Disposição de resíduos orgânicos • Decréscimo de volume do resíduo	• Corrosão de equipamentos • Alto custo no tratamento dos efluentes

Fonte: E.B. Mano & C.M.C. Bonelli – *Recycling of addition polymers versus environmental pollution*. Degradable and Recyclable Polymers on Latin America – WEDPLA'98. – CD-ROM, Campinas, 1998.

Quadro 11.2 Destino do lixo no Brasil (2002)		
Destino	Quantidade (t/dia)	Percentagem (%)
Aterro controlado	84.576	37
Aterro sanitário	82.640	36
Lixão	48.322	21
Estação de compostagem	6.550	3
Estação de triagem	2.265	1
Locais não fixos	1.230	0,6
Incineração	1.032	0,5
Depositado em áreas alagadas	233	0,1
Outros	1.566	0,8
Total	228.414	100,0

Fonte: Pesquisa Nacional de Saneamento Básico - ***PNSB 2000***, Rio de Janeiro, IBGE 2002.

- a necessidade de supervisão constante, de modo a garantir a manutenção das mínimas condições ambientais e de salubridade;
- a geração de gases e chorume a partir da decomposição do lixo;
- a necessidade de terrenos disponíveis próximos aos locais de produção do lixo, já que o transporte eleva muito o custo da limpeza urbana, se considerado o baixo peso específico do lixo;
- a resistência dos moradores próximos ao aterro que, muitas vezes, por não serem ouvidos e devidamente esclarecidos quanto às dúvidas técnicas sobre o projeto, acabam por criar impasses desgastantes para a administração municipal.

O **lixão** ou **vazadouro** é uma forma inadequada de disposição final dos resíduos. Consiste em seu despejo em terrenos a céu aberto, sem medidas de proteção ao meio ambiente e à saúde, provocando a degradação indiscriminada da Natureza. Há então a proliferação de vetores de doenças (moscas, mosquitos, baratas, ratos etc.), geração de maus odores e principalmente poluição do solo e das águas superficiais e subterrâneas pelo chorume, isto é, comprometimento dos recursos hídricos. Esses vazadouros podem ser parcialmente recuperados por diversos procedimentos de engenharia.

O **chorume** é um líquido de cor preta, com odor desagradável e elevado potencial poluidor, formado nos lixões em decorrência da fermentação e da exposição dos refugos orgânicos às intempéries.

O **aterro controlado** geralmente tem origem em um lixão. É uma técnica que utiliza princípios de engenharia para o confinamento dos resíduos sólidos, porém costuma não dispor de impermeabilização de base, o que compromete a qualidade das águas subterrâneas, nem conta com sistemas de tratamento de todo o chorume formado ou de dispersão dos gases gerados. Assim, ainda se produz poluição localizada.

A ausência de sistema de coleta de chorume provoca retenção de uma parte do líquido no interior do aterro; a outra parte atravessa o solo. Assim, costuma-se aplicar uma camada de cobertura provisória com material argiloso, a fim de minimizar a entrada de água de chuva no aterro. Aplica-se também uma camada de impermeabilização superior, quando o aterro atinge sua cota operacional máxima.

O **aterro sanitário** consiste na utilização de princípios de engenharia para confinamento dos resíduos sólidos em camadas, cobertas com material inerte, geralmente solo, segundo normas operacionais específicas. Desse modo, são evitados danos ou riscos à saúde pública e à segurança, minimizando impactos ambientais, pois reduz odores, evita incêndios e impede a proliferação de insetos e roedores. O lixo é compactado por meio de máquinas, o que prolonga a vida útil do aterro. Em seguida, é coberto com camadas de solo.

Os métodos de construção de um aterro sanitário são determinados de acordo com a topografia do terreno escolhido para sua implantação. A concepção de um aterro sanitário como local de processamento dos resíduos sólidos compreende a utilização de um dos quatro métodos: digestão anaeróbica, digestão aeróbica, digestão semiaeróbica, que ocorrem por ação dos micro-organismos naturalmente presentes no solo e tratamento biológico.

A **digestão anaeróbica** consiste na decomposição muito lenta da matéria orgânica contida no lixo, resultante de uma série de reações químicas. Durante essa decomposição ocorre a produção de chorume. É também gerado o biogás, já comentado no **Capítulo 8**, com aproximadamente 60% de metano, 35% de dióxido de carbono e 5% de uma mistura de oxigênio, gás sulfídrico e outros.

As demandas bioquímica e química de oxigênio apresentam altos índices e indicam a composição do material. Quando se descarta um produto orgânico, os micro-organismos já presentes no material exigem uma certa quantidade de oxigênio para se desenvolverem naquele meio nutriente. Essa exigência corresponde à **demanda bioquímica de oxigênio** (DBO) e é a medida da quantidade de oxigênio consumida pelos micro-organismos para a oxidação da matéria orgânica do material. Quanto maior o grau de poluição orgânica, maior a DBO. **Demanda química de oxigênio** (DQO) é a medida da quantidade de oxigênio consumida na oxidação química total da matéria orgânica do material. Assim, DQO é maior que a DBO.

O volume do chorume produzido em um aterro varia sazonalmente em função das condições climáticas da região e do sistema de drenagem local. A principal característica do chorume é a variabilidade de sua composição, em decorrência do consumo progressivo da matéria orgânica pelos micro-organismos. Por essa razão, o potencial poluidor se reduz paulatinamente. O **Quadro 11.3** apresenta a composição do chorume em aterros brasileiros.

No sistema tradicional de digestão anaeróbica, deve-se inicialmente impermeabilizar o terreno com uma manta de polietileno e argila compactada antes de receber os resíduos urbanos. O lixo é então aterrado em células, que são providas de sistemas de drenagem de chorume e de gases. Os sistemas de drenagem de chorume, projeta-

Quadro 11.3 Composição do chorume		
Parâmetro	Valor (mg/l)	
	Mínimo	Máximo
pH	5,9[*]	8,7[*]
Nitrogênio total	15,0	3.140,0
Nitrogênio (nitrato)	0,0	5,5
Nitrogênio (nitrito)	0,0	0,1
Nitrogênio (amônia)	6,0	2.900,0
Cloretos	50,0	11.000,0
Sulfatos	0,0	1.800,0
Fósforo	3,7	14,3
Cobre	0,0	1,2
Chumbo	0,0	2,3
Ferro	0,2	6.000,0
Manganês	0,1	26,0
Zinco	0,1	35,6
Cádmio	0,0	0,2
Cromo	0,0	3,9
DQO	966,0	28.000,0
DBO	480,0	19.800,0
Coliformes fecais	49,0[**]	$4,9 \times 10^7$[**]
Coliformes totais	230,0[**]	$1,7 \times 10^8$[**]

[*] Valor adimensional, [**] Números de colônias na placa

Fonte: J.H.P. Monteiro - *Manual de Gerenciamento Integrado de Resíduos Sólidos*. Rio de Janeiro, Instituto Brasileiro de Administração Municipal, 2001.

dos em forma de espinha de peixe, compõem-se de drenos secundários que coletam e conduzem o percolado para um dreno principal, que irá levá-lo a um poço de reunião, de onde será bombeado para uma estação de tratamento.

O sistema de drenagem de gases é constituído de drenos verticais, colocados em pontos escolhidos do aterro. Associados aos verticais, projetam-se os drenos horizontais que tornam mais eficiente a drenagem do lixo. A impermeabilização do terreno evita a contaminação das águas subterrâneas pelo chorume.

A digestão anaeróbica é considerada apenas uma forma sanitária de tratamento, já que o término das reações orgânicas pode demorar dezenas ou centenas de anos. O tratamento por **digestão aeróbica** traz maiores vantagens para a decomposição do lixo, porque produz apenas dióxido de carbono e água. Entretanto, é menos usado que o sistema de digestão anaeróbica em razão dos maiores custos.

Como vantagens do processo aeróbico podem-se citar: menores níveis das demanda bioquímica e química de oxigênio do chorume, facilitando o tratamento final dos líquidos; ausência de gases perigosos na decomposição; aceleração do processo de decomposição do lixo e maior drenagem de líquidos e gases.

Na **digestão semiaeróbica**, as células de lixo contêm sistemas de drenagem de gases e chorume, que funcionam também como condutores de ar para elas, induzindo a aeração natural. Esse tipo de tratamento apresenta como vantagens a redução do tempo de decomposição do material em relação ao processo anaeróbico e a possibilidade de utilizar técnicas de abertura das células de lixo.

O **tratamento biológico** do lixo utiliza microrganismos específicos, desenvolvidos em reatores, transformando a fração orgânica sólida em líquidos e gases. Esse processo permite a reabertura das células de lixo, a segregação e a destinação final de resíduos inertes e compostos orgânicos. O tempo para remediação da área é menor que no processo anaeróbico tradicional, embora os custos sejam maiores.

Um aterro sanitário consta necessariamente das seguintes unidades: células de lixo domiciliar, células de lixo hospitalar, impermeabilização de fundo (obrigatória) e superior (opcional); sistema de coleta e tratamento de líquidos percolados (chorume); sistema de coleta e queima (ou beneficiamento) de biogás; sistema de drenagem e distanciamento de águas pluviais, sistema de monitoramento ambiental, topográfico e geotécnico; e pátio de estocagem de materiais.

A execução de projetos de engenharia é uma atividade necessária para o fechamento, o tratamento, a estabilização e a utilização do local do aterro, com detalhamento compatível com o tamanho da área, os volumes e os tipos de resíduos dispostos.

Usina de triagem é uma instalação para onde são encaminhados os resíduos sólidos urbanos, após a coleta normal e o transporte, para serem submetidos ao processo de separação. Este é realizado em uma esteira rolante, na sua maior parte de forma manual. Os materiais passíveis de reciclagem, como papéis, plásticos, vidros e metais, são separados na esteira de triagem. É comum existir, na usina de triagem, uma unidade de compostagem da fração orgânica. Os materiais passíveis de reciclagem recolhidos pelos caminhões de coleta tradicional ficam muito contaminados por outros componentes do lixo.

A **incineração**, outra forma de destinação de resíduos, consiste num processo de oxidação térmica à alta temperatura, normalmente variando de 800 °C a 1.300 °C, utilizado para a destruição de resíduos e para a redução de volume e toxicidade.

As unidades de incineração variam desde pequenas instalações, projetadas e dimensionadas para um resíduo específico, até grandes instalações de múltiplos propósitos, para destruir resíduos de diversas fontes. Essas instalações requerem equipamentos adicionais de controle de poluição do ar, com a consequente demanda de maiores investimentos. E, principalmente, precisam ser credenciadas pelos órgãos ambientais estaduais.

O calor produzido na incineração é limitado, e os fornos são projetados de acordo com a quantidade de calor gerada na queima de um lixo com uma composição conhecida. Podem-se construir incineradores de diferentes maneiras, incluindo câmaras na forma de caixas, câmaras múltiplas e fornos rotativos.

O primeiro incinerador de lixo municipal domiciliar, em larga escala, foi construído na Inglaterra em 1870. A incineração de lixo, seja ela com recuperação de calor ou não, gera resíduos como escórias, cinzas e gases, que podem conter substâncias, como HCl, SO_x, NO_x, dioxina, furanos (**Quadro 11.4**), metais e produtos de combustão incompleta (PCIs), que devem receber tratamento.

Conforme já comentado no **Capítulo 6**, os óxidos de enxofre, sendo a maioria na forma de dióxido (SO_2) e trióxido (SO_3), são gerados do enxofre presente no resíduo e no combustível auxiliar. O perigo representado pelos óxidos de enxofre é a possibilidade de ocorrer uma reação química entre eles e a umidade do ar, produzindo o ácido sulfúrico (H_2SO_4). Da mesma maneira, os óxidos de nitrogênio (NO_x) podem formar ácido nítrico (HNO_3). O dióxido de carbono (CO_2) é um gás que decorre principalmente da combustão dos compostos orgânicos. A dioxina (tetraclorodibenzo-

Quadro 11.4
Estrutura química de produtos emitidos na incineração do lixo urbano

Produto	Estrutura química
2,3,7,8-Tetraclorodibenzo-*p*-dioxina	
Dibenzofurano	
Benzeno	
Tolueno	
Cloreto de metileno	CH_2Cl_2
Fenol	
Naftaleno	

Fonte: D.W. Connell, D.W. Hawker, M.S.J. Warne & P.P. Vowles.- *Basic concepts of Environmetal Chemistry*. Nova York, Lewis Publishers, 1997.

p-dioxina) é uma das mais tóxicas substâncias conhecidas, conforme ensaios realizados em animais. É um subproduto formado em muito pequenas quantidades na incineração descontrolada.

As partículas sólidas e líquidas de pequenas dimensões suspensas no ar podem ser carreadas pelo fluxo de gases de combustão. Dentre essas, a fumaça, a poeira e a fuligem são os poluentes mais visíveis.

Os produtos de combustão incompleta podem ser emitidos para a atmosfera em razão do curto tempo de residência no forno e da baixa concentração de oxigênio para o resíduo em questão. O benzeno, o cloreto de metileno e o tolueno, produtos voláteis, são detectados com maior frequência e em maiores concentrações que o fenol e os naftalenos, produtos semivoláteis. Muitos dos gases da chaminé são hidrocarbonetos voláteis com átomos de carbono variando de 1 a 7, sendo os de 1 e 2 os mais frequentes.

A **reciclagem de plásticos** será abordada com detalhes no **Capítulo 13**.

Bibliografia recomendada

- Bonelli C.M.C. *Recuperação secundária de plásticos provenientes de resíduos sólidos urbanos do Rio de Janeiro*, Tese de Mestrado, Instituto de Macromoléculas, Universidade Federal do Rio de Janeiro (1993).
- CEMPRE Compromisso Empresarial para Reciclagem. Caderno de reciclagem n°. 6 - *Compostagem: A outra metade da reciclagem*, São Paulo (1997).
- Calderon, S. *Os bilhões perdidos no lixo*. São Paulo (1999).
- Carey, F.A. *Organic Chemistry*, McGraw-Hill, Nova York (1992).
- CEMPRE Informa n°. 75 Ano XII, maio/junho 2004.
- CEMPRE & IPT *Manual de Gerenciamento Integrado,* São Paulo, 2000.
- Connel, D.W., Hawker, D.W., Warne, M.S.J. & Vowles, P.P. *Basic Concepts of Environmental Chemistry*, Lewis Publishers, Boca Raton (1997).
- Mano, E.B. & Bonelli, C.M.C. *Recycling of addition polymers versus environmental pollution Degradable and Recyclable Polymers on Latin America"* – WEDPLA'98, Campinas, CD-ROM (1998).
- Monteiro, J.H.P. *Manual de Gerenciamento Integrado de Resíduos Sólidos*, IBAM, Rio de Janeiro, (2001), disponível em http://www.resol.com.br/cartilha4/manual.pdf, acessado em agosto, 2004.
- *Pesquisa Nacional de Saneamento Básico PNSB 2000*, IBGE, Rio de Janeiro, 2002.
- http://www.abal.org.br, acessado em agosto, 2004.
- http://www.bracelpa.org.br, acessado em agosto, 2004.
- http://www.abeaco.org.br, acessado em agosto, 2004.
- http://www.abividro.com.br, acessado em agosto, 2004.
- http://www.ibs.org.br, acessado em agosto, 2004.
- http://www.jorplast.com.br/jpmai04/pag06.html, acessado em agosto, 2004.
- http://www.simpep.com.br/acessado em agosto, 2004.

OS RESÍDUOS PLÁSTICOS

12

A produção e o consumo de artefatos plásticos

A intensificação da poluição ambiental foi observada e sentida pela sociedade moderna no início dos anos 70, quando começaram a ser um problema os imensos volumes de objetos feitos com plástico, utilizados e descartados aleatoriamente. Nessa época, surgiram as expressões *commodities* e, em contraposição, *specialties* (**Figura 12.1**). As poliolefinas, de custo mais baixo e de fácil processamento, eram e continuam sendo os polímeros de uso mais comum, largamente encontrados no mercado, e estavam no apogeu de seu desenvolvimento. Deve-se lembrar que todos os materiais são poluentes ou não poluentes, dependendo da quantidade.

É geralmente aceito que **commodities** são polímeros para uso geral, têm baixo preço (inferior a US$ 2/kg) e grande consumo (da ordem de 10 milhões de toneladas por ano). Podem ser apresentados como exemplos o polietileno de alta densidade (HDPE), o polietileno de baixa densidade (LDPE), o polipropileno (PP), o poliestireno (PS), o poli(cloreto de vinila) (PVC).

Pseudo commodities incluem polímeros de utilização específica, preço médio (na faixa de US$ 2 a US$ 7/kg) e consumo médio (perto de 100 mil t/ano); exemplos: poli(metacrilato de metila) (PMMA), poli(tereftalato de etileno) (PET), policarbonato (PC), poliamida (PA), poliuretano (PU).

Specialties são polímeros de alto desempenho, preço elevado (acima de US$ 7/kg) e consumo baixo (cerca de 100 t/ano); exemplos, polissulfona (PSF), poliarilato (PAR), poli(éter-éter-cetona) (Peek).

Figura 12.1
*Commodities,
pseudo commodities
e specialties*
poliméricos
consumidos no Brasil
no ano 2000.

Fonte: Adaptado de
C.A. Hemais – *Polí-
meros e a indústria
automobilística, in
Polímeros: Ciência
e Tecnologia*. 13, 2,
2003, p. 107-116.

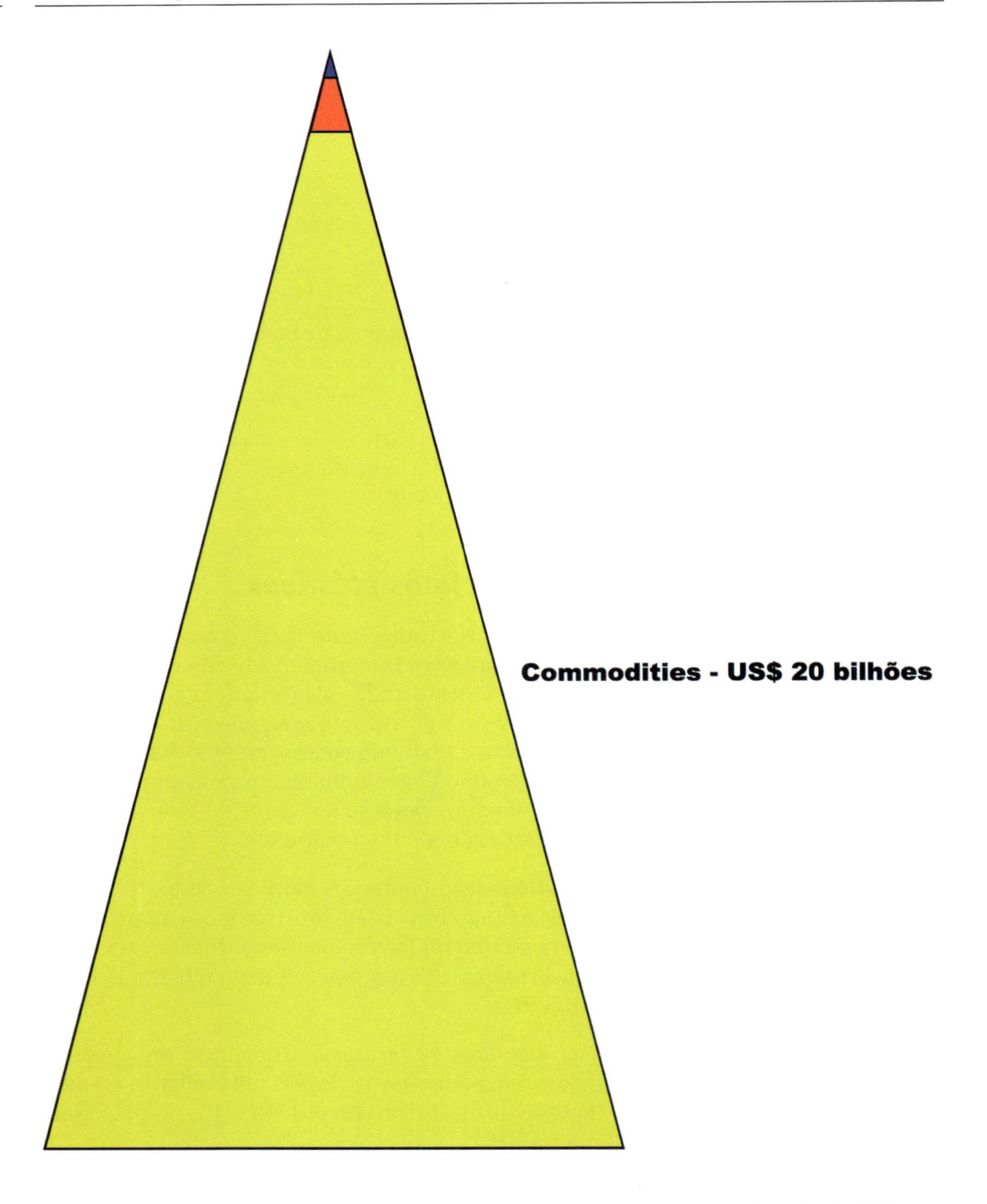

Commodities - US$ 20 bilhões

    A produção industrial de plásticos iniciou-se na primeira parte do século XX, com as pesquisas de Leo Baekeland sobre a resina fenólica, conhecida como Bakelite (baquelite), e teve seu desenvolvimento intensificado após a Segunda Guerra Mundial. Naquela época, começou a surgir a preocupação com a poluição ambiental, causada pelos resíduos de polímeros sintéticos de grande resistência à destruição pelas intempéries.

A produção mundial de plásticos é estimada em 70 milhões de toneladas por ano, das quais um terço é lançado no lixo municipal. Os plásticos ocupam o seu lugar no mercado de embalagens, representando aproximadamente 40% de todo o plástico consumido atualmente no Brasil. Eles substituem outros materiais com inúmeras vantagens, dentre as quais podem ser citadas: manutenção da qualidade do produto embalado; aumento da vida útil da embalagem; funcionalidade; versatilidade e aparência. Dentre essas embalagens, destacam-se os sacos, sacolas, folhas, filmes, além de frascos para múltiplas finalidades.

Os materiais plásticos que fundem-se com aquecimento e se solidificam com resfriamento são denominados termoplásticos e correspondem a 80% de todos os plásticos produzidos. Os materiais plásticos que não se fundem com aquecimento nem se dissolvem em qualquer solvente são denominados termorrígidos.

O **Quadro 12.1** apresenta a capacidade instalada, a produção, o consumo e as aplicações dos materiais plásticos mais encontrados nos resíduos sólidos urbanos. Tais plásticos, que são **termoplásticos**, compreendem o polipropileno (PP), o polietileno de alta densidade (HDPE), o polietileno de baixa densidade (LDPE), o poli(cloreto de vinila) (PVC) – todos *commodities*, e o poli(tereftalato de etileno) (PET), também *termoplástico*, uma *pseudo commodity*. Verifica-se o quanto de material consumido foi utilizado em artefatos de vida útil curta para cada tipo de plástico com produção superior a 300.000 t/ano. Esses valores mostram que no Brasil, em 2001, quase 2 milhões de toneladas desses plásticos foram descartadas após consumo.

O teor de plásticos encontrados nos resíduos urbanos é mostrado no **Quadro 12.2.** O polietileno e o polipropileno são vastamente utilizados como embalagens de curta vida útil (**Quadro 12.3**), e sua inércia química, facilidade de processamento,

				Aplicação do material			
Quadro 12.1 **Capacidade instalada, produção, consumo e aplicações dos materiais plásticos no Brasil em 2001**							
Material	Capacidade instalada (mil t/ano)	Produção (mil t/ano)	Consumo aparente* (mil t/ano)	Artefato	%	Artefato com vida útil curta (mil t/ano)	
PP	1.150	832	818	Caixas, utilidades domésticas, tampas, potes, *big bags*, frascos, garrafas, galões, sacaria, fitas para embalagens, filamentos, baldes, fibras para fraldas e absorventes	84	687	
HDPE	1.127	819	687	Capas de fardo, sacos, tampas, potes, frascos, baldes, caixas e bombonas	38	261	
LDPE	919	636	571	Rótulos, sacaria, tampas e frascos	71	405	
PVC**	538	538	614	Embalagens e filmes	10	61	
PET	363	329	482	Embalagens	73	352	
Total						1.766	

* O consumo aparente foi calculado a partir da quantidade de material produzido, acrescida à quantidade importada e diminuída da quantidade exportada. ** Base resina.
Fonte: *Anuário da Indústria Química Brasileira 2002.* ABIQUIM - Associação Brasileira da Indústria Química.

Quadro 12.2
Principais plásticos encontrados nos resíduos urbanos

Plástico	Sigla	Estrutura química	Teor (%)
Polietileno	PE		36
Polipropileno	PP		10
Poli(tereftalato de etileno)	PET		21
Poli(cloreto de vinila)	PVC		13
Outros	—	—	20
Total			100

Fonte: E.B. Mano & L.C. Mendes – *Introdução a Polímeros*; São Paulo. Editora Edgard Blücher Ltda., 1999; M.R. Furtado – *Aplicações novas prometem dobrar o uso de reciclados*, revista *Plástico Moderno* 266, 1996, p. 8-18.

Quadro 12.3
Vida útil de alguns plásticos de largo emprego industrial

Principais plásticos	Principais aplicações	Fração (% p/p)	Vida útil (ano)
PE, PP e PET	Embalagem de alimentos e de produtos industriais; artefatos como garrafas, sacolas, filmes domésticos, filmes contráteis	20	Inferior a 1
PP e PU	Artigos domésticos, esportivos e de lazer, contentores industriais e engradados, estofamento de móveis e de carros, para-choques e painéis de veículos	35	Entre 1 e 10
PVC	Revestimento de cabos elétricos, dutos em construção civil, forração de estofamento de móveis e de carros (couro sintético)	45	Superior a 10

Fonte: C.M.C. Bonelli - *Recuperação secundária de plásticos provenientes dos resíduos sólidos urbanos do Rio de Janeiro*. Tese de Mestrado, Instituto de Macromoléculas, Universidade Federal do Rio de Janeiro, 1993.

baixa densidade e menor custo fazem deles os materiais ideais de contato sem contaminação para toda a sorte de produtos: alimentícios, farmacêuticos, cosméticos, químicos etc. O poli(cloreto de vinila), tradicionalmente empregado em forma de folhas ou lâminas flexíveis, como toalhas de mesa, cortinas de box, encapamento de fios para telefonia, ou como material rígido, em tubulações e dutos para fiação elétrica etc., é um dos materiais comumente encontrados nos produtos descartados pós-consumidos. O poli(tereftalato de etileno) tem alto valor intrínseco e é descartado em grande quantidade sob a forma de garrafas de refrigerante; é coletado e retorna às empresas que processam a resina virgem, tanto para artefatos de plástico quanto para fibra. O poliestireno, menos encontrado nos refugos, é empregado na forma de placas de espuma rígida (isopor®), comumente encontradas na embalagem para proteção de equipamentos eletroeletrônicos, ou como poliestireno de alta resistência ao impacto, usado para copos, pratos e talheres descartáveis. A composição do lixo plástico varia com as zonas de recolhimento dos resíduos e está diretamente relacionada ao poder aquisitivo dos cidadãos e à época da coleta.

A degradação ambiental dos plásticos

A degradação dos plásticos é associada às mudanças em suas propriedades, causadas por reações químicas envolvendo cisões de ligações da cadeia principal da macromolécula. Essas reações podem ser iniciadas pela presença de resíduos catalíticos, grupos funcionais, insaturações, pigmentos, temperatura, presença de água, oxigênio e luz, entre outros. Todos esses fatores podem ser provenientes da reação de polimerização, do processamento ou da estocagem. A extensão das modificações na estrutura do material depende da reatividade química e da estabilidade oxidativa do polímero.

Para ser **degradável**, a cadeia polimérica precisa apresentar determinados tipos de ligação suscetíveis à ação de agentes da degradação ambiental, conforme apresentado no **Quadro 12.4**. Podem ser ligações insaturadas, como na borracha, ou átomos de carbono terciário, como no PP, em razão do favorecimento da remoção dos átomos de hidrogênio ligados ao átomo de carbono alfa da insaturação ou do grupo metila pendente. Para ser **biodegradável**, a cadeia polimérica precisa ser linear, sem ramificações, ou apresentar ligações éster, amida ou acetal, que podem ser submetidas à hidrólise enzimática por ação microbiana.

Deve-se levar em consideração a presença de aditivos na composição moldável do plástico — estabilizantes à luz ultravioleta e ao processamento —, os quais são consumidos em reações de degradação e, após determinado tempo, deixam os resíduos expostos às reações de modificação química. Sabendo o que ocorreu durante a degradação do plástico, pode-se corrigir a formulação e usar o material descartado novamente.

Os refugos plásticos, frequentemente contaminados com restos de alimentos e detritos, se acumulam no meio ambiente graças à sua relativa inércia à degradação ambiental. Essa degradação é particularmente acelerada em resíduos plásticos encontrados no ambiente marinho e na agricultura.

Quadro 12.4
Ligações poliméricas suscetíveis à degradação

Resistência à degradação ambiental	Requisito necessário na cadeia	Exemplo de cisão molecular
Degradável	Ligação insaturada entre carbonos	~~~~C—C=C—C~~~~~C=C~~~~
	Átomo de carbono terciário	~~~~C—C—C—C~~~~ (com CH$_3$)
Degradável e biodegradável	Cadeia sem ramificação	~~~~C—C—C—C—C~~~~
	Ligação éster	~~~~~~~C(=O)—O~~~~~~~~
	Ligação amida	~~~~~~C(=O)—N(H)~~~~~~
	Ligação acetal	~~~~~~~O—C(CH$_2$OH)—O—C—O~~~~~~~~

Intemperismo é um termo que engloba os efeitos da luz, da oxidação e do calor, intensificados pela umidade, pelas chuvas, pelos ventos e poluentes atmosféricos, entre outros. Todos esses fatores, incluindo a qualidade e a quantidade da luz solar, a posição geográfica, a estação do ano e as condições climáticas da região de exposição, devem ser considerados simultaneamente para o estudo da degradação.

A degradação causada pela exposição às intempéries não é simples, em razão das múltiplas condições a que são submetidos os materiais. As condições de exposição, a formulação do plástico e a performance requerida são fatores que se entrelaçam e devem ser considerados quando se avalia a velocidade de degradação do material. A degradação é um processo complexo, podendo se manifestar em mais de um tipo, simultaneamente e/ou em estágios. Ela depende da duração da exposição à radiação e de fatores adicionais, como temperatura, presença de água e de componentes atmosféricos (oxigênio, ozônio, óxido nitroso e hidrocarbonetos). O **Quadro 12.5** resume os tipos de degradação que ocorrem durante a exposição dos plásticos às intempéries: fotodegradação; degradação química — hidrólise e oxidação —; biodegradação e termodegradação.

A **fotodegradação** é o tipo de degradação ambiental mais intensa que ocorre com os resíduos plásticos e está associada ao efeito de radiações, como a luz solar, os raios X e os raios cósmicos. Como a fotodegradação induzida pela luz envolve absorção de radiação pelo substrato, um pré-requisito essencial para a iniciação de reações fotoquímicas é a existência de grupos cromóforos — absorvedores de luz — na cadeia da molécula. Esse tipo de degradação também é chamado de fotoxidação, pois está comumente associado à presença de oxigênio. Os tipos de degradação fotoxidativa e termoxidativa provocam diminuição do peso molecular, formação de produtos de oxidação com grupos hidroxilados, carbonilados ou carboxilados, além de fissuras nas superfícies moldadas. Esses fatores levam à deterioração significativa das propriedades mecânicas, reduzindo a vida útil dos produtos.

Quadro 12.5 — Tipos de degradação ambiental de resíduos plásticos			
Tipo de degradação		**Agente**	**Exemplos**
Fotodegradação		Radiações	Luz solar
			Raios cósmicos
			Raios X
Degradação química	Oxidação	Ar	Atmosfera
			Ventos
			Furacões
	Hidrólise	Água	Chuva
			Orvalho
			Mares
			Rios
			Lagos
Termodegradação		Calor	Sol
			Vulcões
Biodegradação		Seres inferiores	Bactérias
			Fungos
		Seres superiores	Insetos
			Roedores
			Seres humanos

Fonte: E.B. Mano, C.M.F. Oliveira & C.M.C. Bonelli - *Os refugos plásticos e a poluição ambiental. in Jornal de Plásticos*, 792-793, p. 3, Niterói, 1991.

Plásticos fotodegradáveis podem ser obtidos pela copolimerização de monômeros com moléculas contendo grupos carbonila, ou pela mistura de polímeros com substâncias como óxidos metálicos, sais, compostos carbonilados. Sob a ação conjunta de forças externas, como ventos, chuva, água salgada, esses plásticos são modificados pela fotoxidação, tornando-se quebradiços e esfarelados, gerando pequenos fragmentos mais facilmente sujeitos à biodegradação, embora esta seja bastante lenta.

A **degradação química** se refere exclusivamente às reações ocorridas com os polímeros sob a influência de produtos químicos, por contato com ácidos, bases, solventes, ar, gases reativos etc. Em muitos casos, uma reação significativa somente é observada a temperaturas elevadas, pela alta energia de ativação desses processos. Isso ocorre devido ao aumento da mobilidade das moléculas, ativando a difusão de oxigênio no material. Embora todos os polímeros sofram degradação a elevadas temperaturas mesmo em ausência de ar, esse efeito é quase sempre acelerado em presença de oxigênio. As reações de degradação química consistem principalmente de oxidação e hidrólise.

A luz solar acelera os níveis de **oxidação** dos polímeros e esse efeito é ainda mais acentuado com a presença de poluentes atmosféricos. O oxigênio é o constituinte atmosférico mais importante quanto à deterioração dos polímeros. Radicais livres, formados na quebra de ligações químicas pela radiação solar, reagem com oxigênio para formar peróxidos, que são capazes de iniciar uma série de reações em cadeia. Contudo, a presença de outros componentes também pode afetar a vida útil do material.

Os poluentes atmosféricos capazes de causar a deterioração de polímeros podem se apresentar como gases, material particulado ou material biologicamente ativo. Qualquer que seja a natureza do poluente, o vento é geralmente o seu principal meio de transporte.

Dentre os gases, os mais agressivos são o dióxido de enxofre, o dióxido de nitrogênio e o ozônio. A camada de ozônio nas partes mais altas da atmosfera absorve a radiação ultravioleta, ou seja, atua de forma preventiva, protegendo os materiais à superfície terrestre dos danosos efeitos provocados por essa radiação. Entretanto, o ozônio é um poderoso agente oxidante; reage rapidamente com polímeros insaturados, em ausência da luz, atuando de forma a se degradar.

Alguns tipos de poeira, em razão de sua composição química, podem iniciar ou catalisar reações no material, especialmente em condições úmidas. A camada de poeira pode reter água na superfície do polímero, favorecendo processos hidrolíticos, ou ainda atuar como um local propício para o desenvolvimento de microrganismos. Por outro lado, a poeira também pode ter efeito de proteção do material, absorvendo grande porção da radiação solar, diminuindo a temperatura do material e também a extensão da degradação fotolítica.

A **hidrólise** é uma reação química em que ocorre quebra da ligação entre carbono e heteroátomo da cadeia molecular pela ação da água, resultando em redução do peso molecular e deterioração nas propriedades mecânicas do material.

A importância da água nos processos de deterioração de materiais orgânicos se deve à combinação de suas propriedades físicas com sua reatividade química. A atmosfera contém uma certa quantidade de vapor de água, que é quantitativamente expressa em termos de umidade relativa. Esse valor é a razão entre a quantidade de água contida em um determinado volume de ar e a quantidade de água que esse mesmo volume de ar poderia conter, se estivesse totalmente saturado, na mesma temperatura. Quando a temperatura diminui, a quantidade de vapor de água que pode ser retida é reduzida, a precipitação ocorre na forma de chuva, orvalho, neve e neblina, dependendo da temperatura ambiente.

A presença de água na superfície do material e por quanto tempo ele fica molhado são fatores importantes na avaliação de sua degradação.

Alguns tipos de polímero, tais como poliésteres e poliamidas, possuem grupamentos hidrolisáveis e, por esse motivo, devem ser secos antes do processamento. O poli(tereftalato de etileno), PET, apresenta o grupamento éster como grupo hidrolisável. Tanto bases como ácidos podem catalisar a hidrólise, sendo a catálise ácida particularmente importante pelo seu caráter autocatalítico.

A velocidade do processo de hidrólise depende da temperatura, do teor de umidade e de fatores que afetam a difusão da água, como a forma da amostra e o grau de cristalinidade do polímero. As regiões amorfas do polímero são hidrolisadas primeiro e mais rapidamente do que as cristalinas, em razão da capacidade da água de penetrar nessas regiões. Entretanto, as regiões cristalinas não estão imunes ao ataque hidrolítico. Assim, a quantidade de água absorvida por um polímero semicristalino, como o PET, diminui com o aumento da cristalinidade e da densidade.

A **degradação térmica** está associada à ação da temperatura ambiente sobre os plásticos. A temperatura do ar na superfície da Terra é primeiramente determinada pela quantidade de radiação solar que é recebida. Além da temperatura, a estação do ano e a hora do dia também são fatores que podem influenciar na degradação do material. A temperatura varia com as estações do ano e com a latitude e altitude, e pode ser modificada pela proximidade de montanhas, oceanos e desertos. Geralmente, a temperatura diminui do Equador em direção às regiões polares.

As variações diárias de temperatura, que formam ciclos curtos, podem ter um maior efeito do que as variações das estações do ano. Os ciclos de temperatura podem causar tensões mecânicas, principalmente em sistemas compósitos constituídos por materiais com coeficiente de dilatação diferentes. Sob condições extremas, as tensões mecânicas produzidas pela alternância entre o congelamento e descongelamento de água absorvida também podem causar deterioração do material.

Com o aumento da temperatura, a probabilidade de cisão das ligações químicas nos polímeros aumenta; entretanto, as ligações com baixa energia de dissociação são mais fracas e apresentam maior probabilidade de ruptura do que as ligações mais fortes.

A diminuição da estabilidade dimensional e da resistência ao impacto são as primeiras consequências que se observam nos plásticos, pela degradação térmica. Além disso, há variação na viscosidade do fundido, alteração de outras propriedades mecânicas e modificação na cor dos plásticos.

A **biodegradação** é um processo pelo qual seres vivos, como as bactérias, os fungos e as leveduras, por intermédio de suas enzimas, consomem uma substância como fonte de alimento; assim, a forma original da substância desaparece. Sob condições apropriadas de umidade, temperatura e oxigênio, a biodegradação é um processo relativamente rápido. Um tempo razoável para que haja completa assimilação e desaparecimento do artigo por biodegradação é de dois a três anos. A biodegradação exige a presença nas macromoléculas de grupamentos suscetíveis à hidrólise enzimática por ação microbiana, conforme já apresentado no **Quadro 12.3**.

O **Quadro 12.6** ilustra a biodegradabilidade de alguns plásticos comerciais. Pode-se observar que a maioria dos termoplásticos comerciais é bastante resistente ao ataque enzimático.

Plásticos biodegradáveis podem ser obtidos por três formas gerais: pela síntese de polímeros que sejam inerentemente biodegradáveis; partindo de polímeros sujeitos a serem sintetizados por bactérias; ou utilizando mistura de polímeros com aditivos que sejam prontamente consumidos por microrganismos. Nesse último caso, os polímeros em contato com o solo e a água são atacados por bactérias e fungos, que digerem apenas o aditivo, deixando uma estrutura porosa, com grande área superficial e baixa integridade estrutural, cuja degradação é mais fácil.

A degradação por reprocessamento

Durante a moldagem, ocorre a transformação do plástico em artefato. As formulações poliméricas ficam sujeitas a altas temperaturas, além de tensões mecânicas,

Quadro 12.6 Biodegradabilidade de plásticos comerciais		
Polímero	Crescimento populacional de microrganismos (%)	Efeito
Polietileno	10 - 30	Crescimento leve
Polipropileno	< 10	Traços de crescimento
Poliestireno	< 10	Traços de crescimento
Poli(acrilonitrila-co-butadieno-co-estireno)	0	Nenhum crescimento
Poli(tereftalato de etileno)	0	Nenhum crescimento
Poli(metacrilato de metila)	0	Nenhum crescimento
Poliuretano (poliéster)	> 60	Alto crescimento
Policarbonato	0	Nenhum crescimento
Mistura	30 - 60	Crescimento médio

Fonte: P.P. Klemchuk - *Polymer Degradation and Stability*. 27, p. 183-202, 1990.

podendo causar cisões na cadeia e, consequentemente, diminuição do peso molecular. A degradação térmica é a mais importante; refere-se à reação a elevadas temperaturas, as quais levam a mudanças químicas no polímero.

A degradação térmica é geralmente acompanhada de outros efeitos. Pode-se citar, como exemplo, a degradação termoxidativa e a degradação termomecânica.

A **degradação termoxidativa** envolve o aquecimento do material em presença de oxigênio e é comum quando o material é seco industrialmente. A **degradação termomecânica** envolve o uso de temperatura (150-300 °C) e cisalhamento, isto é, aplicação de força mecânica capaz de produzir deslizamento de camadas no interior do material, por extrusão ou injeção.

A **degradação mecânica** se refere à influência de forças de cisalhamento no material polimérico; geralmente ocorre em conjunto com um ou mais tipos de degradação. Como nos outros casos, o mecanismo de degradação está concentrado nas regiões não cristalinas, de mais fácil acesso.

Em geral, no processo de reciclagem de plásticos, o material é reaquecido, sofrendo novamente os efeitos da temperatura e de esforços mecânicos. Isso pode resultar em clivagem térmica, decomposição oxidativa, cisão mecanoquímica, hidrólise ou cisão catalítica da cadeia.

Deve-se observar que todos os processos degradativos são originados de uma reação inicial de quebra, geralmente homolítica, da ligação covalente. Essa ruptura pode representar a extensão total da degradação, ou pode apenas iniciar uma série de reações químicas secundárias, as quais levam a outras cisões de ligação, ou à recombinação, ou à substituição.

Bibliografia recomendada

- *Anuário da Indústria Química Brasileira 2002*. ABIQUIM - Associação Brasileira da Indústria Química.
- Bonelli, C.M.C. *Recuperação secundária de plásticos provenientes de resíduos sólidos urbanos do Rio de Janeiro*, Tese de Mestrado, Instituto de Macromoléculas, Universidade Federal do Rio de Janeiro (1993).
- Furtado, M.R. *Aplicações novas prometem dobrar o uso de reciclados*, Revista Plástico Moderno nº 266, 8 (1996).
- Hemais, C.A. Polímeros: Ciência e Tecnologia, **13**, nº 2, 107 (2003).
- Klemchuk, P.P. *Polymer Degradation and Stability*, **27**, 183 (1990).
- Mano, E.B. & Mendes, L.C. *Introdução a Polímeros*; Editora Blucher, São Paulo (1999).
- Mano, E.B., Oliveira, C.M.F. & Bonelli, C.M.C. *Os refugos plásticos e a poluição ambiental*, Jornal de Plásticos, nº 792-793, Niterói (1991), p.3.
- Schnabel, W. *Polymer Degradation*, Hanser International, Munique (1981).

13

A RECICLAGEM DE PLÁSTICOS

Os tipos de reciclagem de plásticos

A solução ideal para a despoluição do meio ambiente seria a desintegração dos produtos descartados em partículas, que podem ser incorporados ao solo. A versão tecnológica desta solução é muito difícil e tem motivado a busca de soluções alternativas para o descarte dos resíduos pós-consumidos, dentre elas a **reciclagem**, que é a forma mais importante para esse descarte.

A reciclagem é o resultado de diversas atividades, como coleta, separação e processamento, por meio das quais materiais aparentemente sem valor servem como matéria-prima na manufatura de bens, anteriormente feitos com matéria-prima virgem. Ocorre quando a recuperação dos resíduos for técnica e economicamente viável e higienicamente utilizável, e quando as características do material forem respeitadas. Formulações apropriadas podem transformar uma fração de plástico reciclado, sem atrativos mercadológicos, em um produto alternativo que permita o desenvolvimento sustentável, tal como definido pela ONU.

Os principais benefícios da **reciclagem de plásticos** são: a redução do volume descartado em vazadouros e aterros sanitários; a preservação dos recursos naturais; a diminuição da poluição; a economia de energia; a geração de empregos. Além disso, a reciclagem tem ampla aceitação pela população.

A reciclagem de plásticos pode ser realizada por diferentes formas, conforme se considere a origem da matéria-prima ou o processo de reciclagem. No primeiro caso, a reciclagem pode ser primária, secundária, terciária ou quaternária.

A **reciclagem primária** emprega os resíduos de fabricação, colhidos na própria fábrica como rebarbas, peças mal moldadas, produtos do início de operação das máquinas, canais de injeção, aparas e peças plásticas fora de especificação. A reciclagem primária está associada ao reprocessamento de resíduos plásticos industriais. Os refugos limpos são moídos e reencaminhados a equipamentos de transformação de plásticos, tais como extrusoras, sopradoras ou injetoras. Em geral, o material é reprocessado juntamente com a resina virgem não reciclada, quando se deseja obter o produto acabado.

A **reciclagem secundária** utiliza os artefatos após seu consumo. Compreende a reciclagem de resíduos plásticos urbanos e necessita de diversas operações adicionais à recuperação primária, em função da presença de contaminantes, tais como terra, resíduos orgânicos em decomposição, papel etc., além de diferentes tipos de plástico, utilizados para confecção desses resíduos. É importante a retirada de partes metálicas presentes nos refugos, as quais podem danificar os equipamentos industriais.

A **reciclagem terciária** transforma os refugos plásticos em produtos químicos úteis. Visa a obter os compostos químicos que deram origem aos plásticos – os monômeros – ou compostos químicos de baixo peso molecular – oligômeros. São obtidos por meio de reações químicas, pela quebra parcial ou total das moléculas dos resíduos plásticos, selecionados e limpos.

A **reciclagem quaternária** consiste na incineração dos resíduos plásticos descartados. A queima para a recuperação de energia dos polímeros pós-consumidos pode ser realizada sem misturas, só com um tipo de material, ou ainda misturado a outros componentes. Neste caso, o processo é denominado **cocombustão** quando a matéria-prima a ser queimada compõe-se de polímero e outro material, que pode ser um combustível fóssil ou parte do lixo urbano. Os plásticos são incinerados junto com outros materiais, diferentemente dos pneus, que são queimados separadamente. O resíduo mineral após a queima pode ser misturado ao solo sem dano ambiental.

Quando se toma por base o processo, a reciclagem é geralmente classificada em três grupos: reciclagem mecânica, reciclagem química e reciclagem energética.

A **reciclagem mecânica** está associada à reutilização de um resíduo industrial (reciclagem primária) ou artefato plástico pós-consumido (reciclagem secundária) para obtenção de outro artefato plástico e é o tipo mais difundido de reciclagem. Será abordada com destaque no próximo item.

A **reciclagem química** está associada à reciclagem terciária e envolve reações de solvólise, pirólise e degradação termoxidativa. As reações de **solvólise** consistem na quebra de ligações entre átomos de carbono e heteroátomos presentes nas cadeias poliméricas, tais como oxigênio, nitrogênio, cloro, enxofre etc. Essas reações são aplicáveis a polímeros contendo ligações carbono-oxigênio e/ou ligações carbono-nitrogênio na cadeia principal, como poliésteres — poli(tereftalato de etileno) —, poliamidas e poliuretanos. Tais polímeros são obtidos a partir de reações reversíveis e são passíveis de conversão nos seus monômeros por meio de processos como glicólise, hidrólise, metanólise, aminólise, transesterificação, alcoólise, acidólise e transamidação. O poli(tereftalato de etileno) é o único plástico que tem encontrado algum sucesso comercial na reciclagem química por meio de solvólise, empregando garrafas pós-consumidas de bebida carbonatada, feitas à base daquele poliéster. As reações de **pirólise** e de **degradação termoxidativa** consistem na quebra de ligações da cadeia do polímero por meio de processos termolíticos e são aplicáveis a polímeros contendo ligações carbono-carbono na cadeia principal, tais como polietileno, polipropileno, poliestireno, poli(cloreto de vinila), poli(metacrilato de metila), copolímero de butadieno e estireno etc. Esses polímeros podem ser convertidos em componentes petroquímicos básicos, tais como gases, produtos químicos, combustíveis ou monômeros.

Os processos pirolíticos envolvem o aquecimento de resíduos plásticos a temperaturas bastante elevadas. Em geral, temperaturas mais altas favorecem a formação de produtos gasosos, enquanto as temperaturas mais baixas favorecem a obtenção de produtos líquidos. Durante a pirólise ocorre uma série de reações que dependem do plástico envolvido e da natureza do processo utilizado. A rota dessas reações pode ser modificada pela adição de quantidades controladas de hidrogênio, oxigênio ou catalisadores. Algumas reações de pirólise possíveis são:

- a despolimerização de cadeias do polímero para obtenção de monômeros, como no caso de poli(metacrilato de metila);

- a cisão aleatória de cadeias principais em fragmentos de cadeia de tamanho menor, por exemplo, com polietileno e polipropileno;

- a eliminação de ácido clorídrico com formação de compostos cíclicos, no caso do poli(cloreto de vinila).

A reciclagem química é mais adequada a tipos complexos de resíduo plástico, que ainda não dispõem de tecnologia de reciclagem adequada, tais como carpetes, materiais têxteis, fios e cabos, materiais leves e resíduos hospitalares.

A **reciclagem energética** está associada à reciclagem quaternária e compreende a incineração de resíduos plásticos, com recuperação de energia, sob a forma de calor, para produção de vapor ou geração de energia elétrica. Conforme já comentado no **Capítulo 11**, a incineração consiste num processo de oxidação térmica; essa técnica deve ser conduzida com extrema cautela, dentro das normas estabelecidas pela lei. Cuidados especiais devem ser tomados na queima de materiais poliméricos com heteroátomos, assim como de quaisquer outros materiais capazes de liberar produtos tóxicos. Nesses casos, procedimentos subsequentes são necessários, a fim de evitar a contaminação do meio ambiente.

A recuperação do valor comburente dos materiais poliméricos se realiza quando esses materiais são utilizados como combustíveis ou quando são usados para gerar uma utilidade (vapor), que poderá movimentar uma turbina a fim de produzir energia. Nesses casos, o benefício energético é obtido diretamente da reciclagem, a partir da queima. Deve-se ter em mente que, tanto na reciclagem mecânica quanto na química, o valor energético do polímero retorna ao ciclo artificial de proteção ambiental.

O **Quadro 13.1** apresenta a entalpia[*] de combustão de alguns materiais presentes no lixo urbano. Pode-se observar que a entalpia de combustão dos plásticos é elevada, o que é bastante desejável na reciclagem quaternária. O valor comburente do lixo depende muito de sua composição. A presença de umidade influirá diretamente nesse número. A umidade atmosférica relativa é alta em países tropicais, como o Brasil, o que decresce esse valor. Quando restos de alimentos também são incinerados, o valor comburente do produto torna-se menor. A percentagem de restos de alimentos no lixo brasileiro é da ordem de 50%.

Essas formas de reciclagem podem ser aplicadas aos materiais plásticos de acordo com suas características de fusibilidade. Os termoplásticos podem ser reciclados com sucesso de forma química, mecânica e energética (**Figura 13.1**). Já os termorrígidos não são passíveis de reciclagem mecânica (**Figura 13.2**). Esses tipos de plástico podem ser pulverizados e aproveitados como carga ou podem ser sujeitos à reciclagem química ou energética. Exemplos de plásticos termorrígidos são resina fenólica ou poliéster insaturado.

Quadro 13.1 Entalpia de combustão de alguns materiais presentes no lixo urbano		
Material		Entalpia de combustão (MJ/kg)
Madeira		16
Óleo combustível		44
Carvão		23
Papel		14
Pneu		33
Plásticos	Poliamida-6,6	29
	Poli(cloreto de vinila)	18
	Poli(tereftalato de etileno)	31
	Policarbonato	29
	Poliestireno	40
	Polietileno	43

Fonte: H.Alter - *Disposal and reuse of plastics*, in: H.F.Mark, N.M.Bikales, C.G.Overberger & G.Menges. *Encyclopedia of Polymer Science and Engineering*, USA, John Wiley & Sons, 5, 103-128, 1986; J.Paul - **Rubber reclaiming** in: H.F.Mark, N.M.Bikales, C.G.Overberger & G.Menges, Encyclopedia of Polymer *Science and Engineering*, USA, John Wiley & Sons, 14, 787-804, 1986.

[*]Entalpia — parâmetro termodinâmico relacionado a calor.

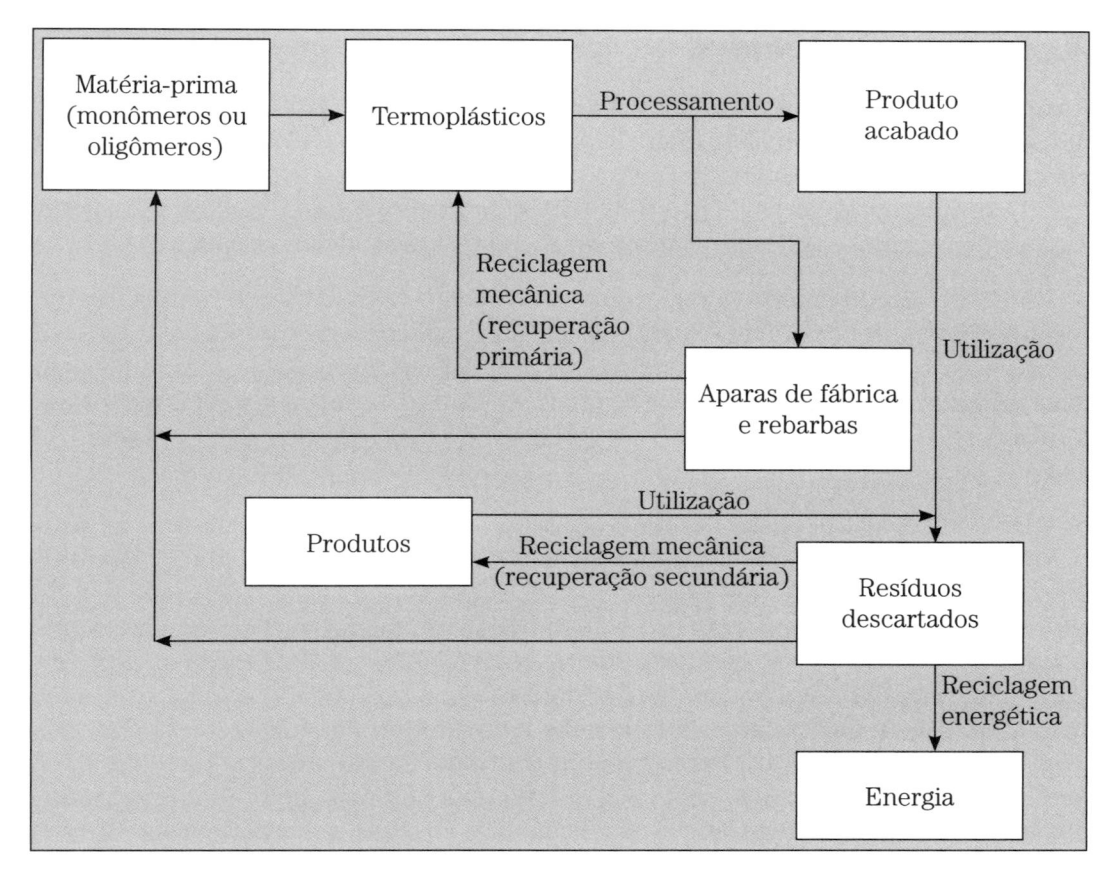

Figura 13.1
Tipos de reciclagem de termoplásticos. **Fonte**: Adaptado de C.M.C. Bonelli. – *Recuperação secundária de plásticos provenientes de resíduos sólidos urbanos do Rio de Janeiro*. Tese de Mestrado. Instituto de Macromoléculas, Universidade Federal do Rio de Janeiro, 1993.

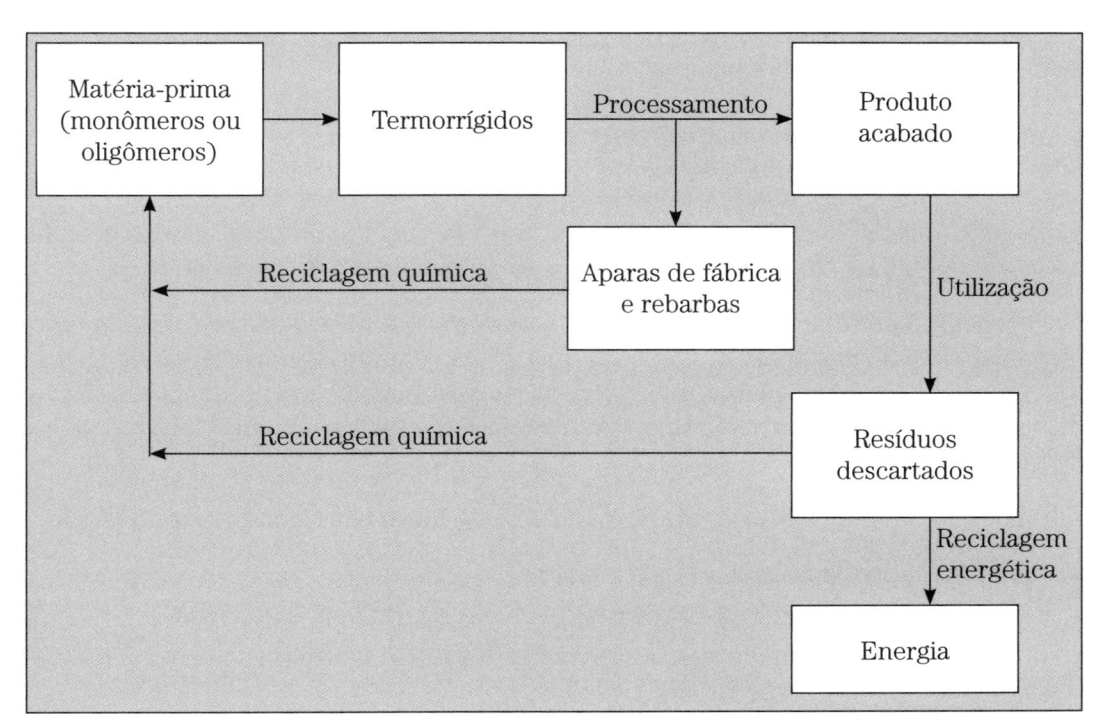

Figura 13.2
Tipos de reciclagem de termorrígidos. **Fonte**: Adaptado de C.M.C. Bonelli. – *Recuperação secundária de plásticos provenientes de resíduos sólidos urbanos do Rio de Janeiro*. Tese de Mestrado. Instituto de Macromoléculas, Universidade Federal do Rio de Janeiro, 1993.

A reciclagem mecânica

A **reciclagem mecânica** é a forma mais difundida de reciclagem, sendo comumente utilizada nas indústrias recicladoras de plásticos. Estatísticas sobre a reutilização de plásticos no Brasil ainda não são facilmente obtidas. Estima-se que a atividade mundial de reciclagem processe cerca de 2.000.000 ton/ano, sendo que 60% são provenientes de resíduos sólidos industriais e 40% de resíduos sólidos urbanos.

Conforme já comentado, a reciclagem mecânica está associada à reutilização de resíduos para obtenção de outro artefato plástico, por meio de reprocessamento em equipamentos industriais de transformação de plásticos. Os processos de moldagem mais utilizados para obtenção de peças plásticas são: extrusão, injeção, sopro e termoformação. São processos que envolvem geralmente a aplicação de calor e pressão.

O processo de transformação de plásticos consiste primeiramente na preparação de uma composição moldável segundo uma formulação específica, na qual ao polímero-base são incorporados ingredientes, tais como plastificantes, cargas, corantes, pigmentos, estabilizadores, modificadores de impacto, lubrificantes ou agentes de esponjamento. Os componentes dessa composição são misturados em câmaras apropriadas (misturadores); a massa resultante é extrudada para a obtenção de fios contínuos, que são cortados em pequenos fragmentos, os grânulos (*pellets*), utilizados para a moldagem de artefatos. A **extrusão** é o processo de moldagem de plásticos mais importante e versátil. É um processo contínuo, sendo utilizado tanto para homogeneização da composição moldável quanto para obtenção de produtos acabados lineares. Uma enorme variedade de perfis simples e complicados podem ser fabricados por extrusão, resultando em barras, fitas, mangueiras e tubos. A extrusão também pode ser usada para obtenção de **produtos semiacabados**, isto é, que podem ser matéria-prima para outros processos de moldagem como, por exemplo, a préforma, utilizada para moldagem de peças ocas.

O processo de moldagem por **sopro** é um processo descontínuo, aplicável a materiais termoplásticos, importante para a obtenção de peças ocas. Consiste na obtenção de produto semiacabado por meio de injeção ou extrusão, sua inserção em um molde e insuflação de ar no seu interior, promovendo a expansão até a superfície da cavidade do molde. Em seguida, ocorrem o resfriamento e a extração da peça.

O processo de moldagem por **injeção** é um processo descontínuo utilizado para termoplásticos e elastômeros; emprega uma rosca sem-fim, tipo parafuso de extrusão, que, acionada por um motor elétrico, promove a plastificação e homogeneização da massa polimérica. Em seguida, a composição é injetada no molde através do bico de injeção.

A reciclagem mecânica de resíduos plásticos se baseia nos seguintes requisitos:

- uma fonte adequada de material refugado;
- o fornecimento de matéria-prima confiável, em quantidade e qualidade;
- uma tecnologia adequada para a separação dos tipos de plástico e de transformação dos resíduos em produtos reciclados;

- a existência de mercado para absorção do "novo" material/artefato produzido, que é designado como **material reciclado**.

A reciclagem mecânica é comumente dificultada pela heterogeneidade da composição dos refugos e pela presença de diferentes plásticos que, na maior parte das vezes, são incompatíveis. Muitos plásticos pós-consumidos são compostos de diversas partes, cada qual com um polímero diferente. Alguns são laminados sobre papel ou metal, exigindo tecnologia especial para realizar a sua reciclagem.

A incompatibilidade dos plásticos que se encontram em maior proporção no lixo urbano, como polietileno, polipropileno, poliestireno, poli(cloreto de vinila) e poli(tereftalato de etileno), resulta, quando misturados, na obtenção de materiais reciclados com baixo desempenho mecânico. PP é incompatível com LDPE e HDPE e parcialmente compatível com copolímeros de etileno. Além disso, PS e poliolefinas são incompatíveis. PVC e PET são incompatíveis entre si e com poliolefinas e PS. Por outro lado, LDPE e HDPE são compatíveis entre si.

Tecnologias têm sido desenvolvidas para o fracionamento dos resíduos por tipo de plástico, baseando-se fundamentalmente nas diferenças em uma de suas propriedades físicas, como tensão superficial, solubilidade, magnetismo ou densidade, que é a mais comum. Entretanto, sua viabilidade econômica ainda não foi totalmente comprovada. Rotas tecnológicas mais recentes apontam para a reciclagem de misturas de plásticos com adição de agentes compatibilizantes.

A **Figura 13.3** ilustra os principais estágios do processo de reciclagem mecânica de plásticos, que podem ser resumidos em: aquisição dos resíduos; triagem; prensagem; moagem; lavagem; secagem; reprocessamento por extrusão; corte em grânulos; transformação em artefatos.

No caso de resíduos plásticos urbanos, a **aquisição do material** pode ser feita por meio de cooperativas de catadores, depósitos de sucata, programas de coleta seletiva, usinas de triagem e catadores isolados. Normalmente, as cooperativas de catadores fornecem os refugos a granel ou prensados para os depósitos de sucata, os quais fornecem o material coletado para as empresas de reciclagem, em geral, sob a forma prensada. Em alguns casos, as cooperativas fornecem diretamente os resíduos às empresas de reciclagem. Nas cidades em que os programas de coleta seletiva são ineficientes, a grande maioria do material passível de reciclagem é segregado pelos catadores isolados, tanto nos lixões quanto nos recipientes de lixo da coleta domiciliar. Entretanto, a informalidade do trabalho do catador torna essa opção ineficiente para a indústria recicladora, em função da falta de regularidade da entrega dos refugos. Evidentemente, os resíduos plásticos provenientes da coleta seletiva são mais limpos que aqueles obtidos em usinas de triagem ou em lixões.

A coleta seletiva de garrafas de bebida carbonatada, que são feitas à base de poli(tereftalato de etileno), e de alguns tipos conhecidos de embalagem de polietileno de alta densidade tem crescido bastante nos últimos anos devido à facilidade de reconhecimento da embalagem e do seu maior valor agregado.

Figura 13.3
Principais etapas da reciclagem mecânica de resíduos plásticos. **Fonte**: Adaptado de E.B.A.V.Pacheco & L.M.Ronchetti. *- Avaliação do potencial da reciclagem de plásticos: caso de recuperadoras de PET do Estado do Rio de Janeiro.* Encontro Latino-Americano de Resíduos Sólidos, São Paulo, 2003. C.M.C. Bonelli & A.T. Vilhena – *Perfil de Recicladora de Plástico* – Reciclagem e Negócios. Compromisso Empresarial para Reciclagem, Rio de Janeiro, 1994.

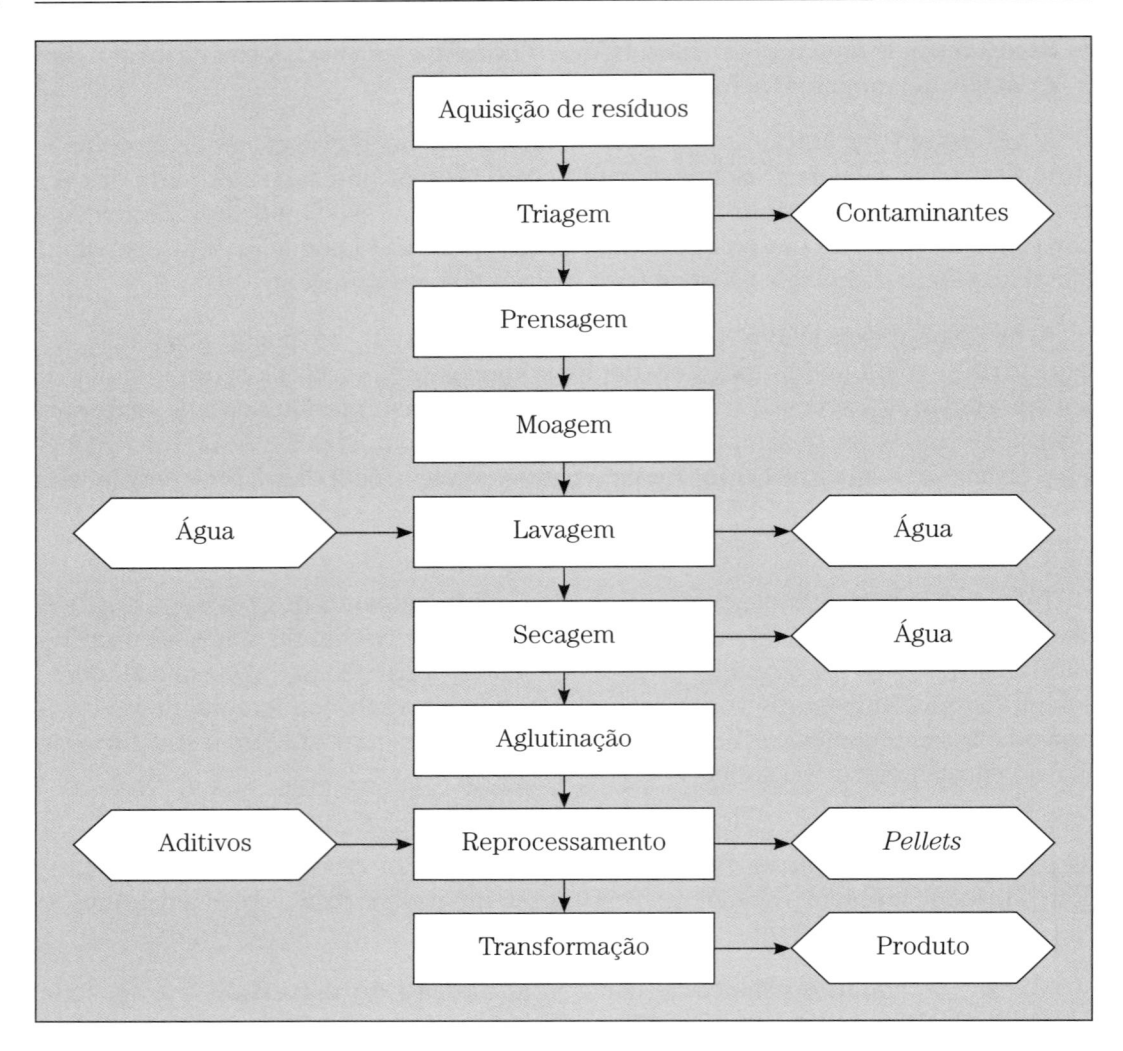

A **triagem** é uma etapa importante na reciclagem dos resíduos plásticos urbanos. Em geral, os resíduos descartados são separados manualmente, na fonte, em dois tipos básicos para viabilizar as próximas etapas da reciclagem: embalagens rígidas — frascos, baldes, bacias e recipientes domésticos – e embalagens flexíveis – sacos, bolsas plásticas e envoltórios. Os **resíduos plásticos rígidos** ("lixo plástico-duro") são obtidos a partir de diversos processos de transformação: moldagens por injeção, por sopro, por vazamento, por termoformação etc. Na maioria das vezes, os resíduos são adquiridos como sucata mista, isto é, composta de resíduos provenientes de diversos tipos de plástico. Já os **resíduos plásticos flexíveis** ("lixo plástico-filme") são obtidos sobretudo por meio da extrusão de filmes e são compostos principalmente de polietileno. Tais resíduos retêm comumente muitos contaminantes, pois ficam em contato com resíduos orgânicos, gordura, terra, areia etc. A **prensagem** pode ser feita para viabilizar o transporte dos resíduos plásticos pós-consumidos.

As embalagens plásticas podem ser separadas manualmente de acordo com um símbolo de identificação de polímeros, impresso em sua superfície, conforme visto no **Quadro 13.2**. Esses critérios de seleção a partir de material de composição tão heterogênea quanto os resíduos plásticos não são totalmente satisfatórios; podem induzir a erro quando o mesmo símbolo é usado para identificar materiais em cuja composição está um mesmo monômero, porém, como copolímeros diferentes. No caso de resíduos plásticos rígidos, pode também ser realizada separação baseada na cor da embalagem – para atendimento a um determinado cliente – ou no processo de moldagem do artigo. Algumas empresas separam artefatos moldados pelo processo de sopro (principalmente frascos) de objetos moldados por outros processos, principalmente injeção.

Na etapa de **moagem**, os resíduos plásticos são triturados em moinho de facas para fragmentação em partes menores; a tela possui diâmetro específico e permite a obtenção de fragmentos do tamanho desejado. Na **lavagem**, os fragmentos triturados são transferidos para um tanque com **água**, em que ocorre uma pré-lavagem. Em

Quadro 13.2		
Símbolos de identificação de polímeros para reciclagem		
N°	Polímero	Símbolo
1	PET [poli(tereftalato de etileno)]	♳
2	HDPE (polietileno de alta densidade)	♴
3	PVC [poli(cloreto de vinila)]	♵
4	LDPE (polietileno da baixa densidade)	♶
5	PP (polipropileno)	♷
6	PS (poliestireno)	♸
7	Outros	♹

Fonte: ABNT - Associação Brasileira de Normas Técnicas, NBR 13.230: *Simbologia indicativa de reciclabilidade e identificação de materiais*. 1994.

seguida, são colocados em uma lavadora, equipamento que dispõe de um eixo com diversas pás que giram em alta rotação e retiram contaminantes dos resíduos. Órgãos de controle ambiental devem ser consultados sobre diferentes formas de tratamento dos efluentes líquidos da lavagem.

Durante a etapa de lavagem, pode ser feita uma segregação parcial por tipo de plástico, de acordo com diferença de densidade, a fim de obter uma fração de resíduos plásticos de composição mais homogênea. O **Quadro 13.3** indica a densidade e a temperatura de fusão dos plásticos mais comuns presentes no lixo urbano, em comparação com outros materiais — vidro, alumínio etc. Pode-se observar que os plásticos polietileno de alta densidade, polietileno de baixa densidade e polipropileno, que são hidrocarbonetos, possuem densidade inferior a um (densidade da água), enquanto o poliestireno, poli(cloreto de vinila) e poli(tereftalato de etileno) apresentam densidade maior.

No processo desenvolvido nos laboratórios do IMA/UFRJ, os fragmentos de plásticos descartados são fracionados por distribuição de partículas com dimensões entre 2 mm e 6 mm em coluna líquida, de densidade escolhida. Nas colunas utiliza-se água, soluções hidroalcoólicas — com densidades 0,91 e 0,94 — e soluções salinas — com densidade 1,08. A **Figura 13.4** ilustra um esquema dessa separação. São indicados os tipos de plástico predominantes em cada uma das frações separadas. Procede-se à determinação da composição percentual, em peso e volume, de cada fração obtida, a fim de verificar a viabilidade econômica da reciclagem da fração visada. A presença de ar em estruturas celulares de PS ou PU, bem como o ar retido em dobras de películas plásticas ou à superfície de resíduos plásticos engordurados, causa o abaixamento da densidade dos materiais de modo irregular e incontrolável, não permitindo a separação absoluta dos resíduos de cada polímero.

Quadro 13.3 Temperatura de fusão e densidade de materiais presentes no lixo urbano		
Material	Temperatura de fusão ($^{\circ}$C)	Densidade (g/cm^3)
LDPE	120	0,92-0,94
HDPE	135	0,94-0,97
PP	165-175	0,90
PS Celular	235	< 0,20
PS Cristal	235	1,05
PVC	273	1,35-1,45
PET	265	1,38
Vidro	700-1 240	2,40-2,80
Alumínio	660	2,55-2,80
Papel	Decompõe a 270	0,7
Areia	> 1.500	2,2

Fonte: E.B. Mano & L.C. Mendes – *Introdução a Polímeros*. São Paulo. Editora Edgard Blücher Ltda., 1999. E.B. Mano & L.C. Mendes – *Identificação de plásticos, borrachas e fibras*. São Paulo. Editora Edgard Blücher Ltda., 2000.

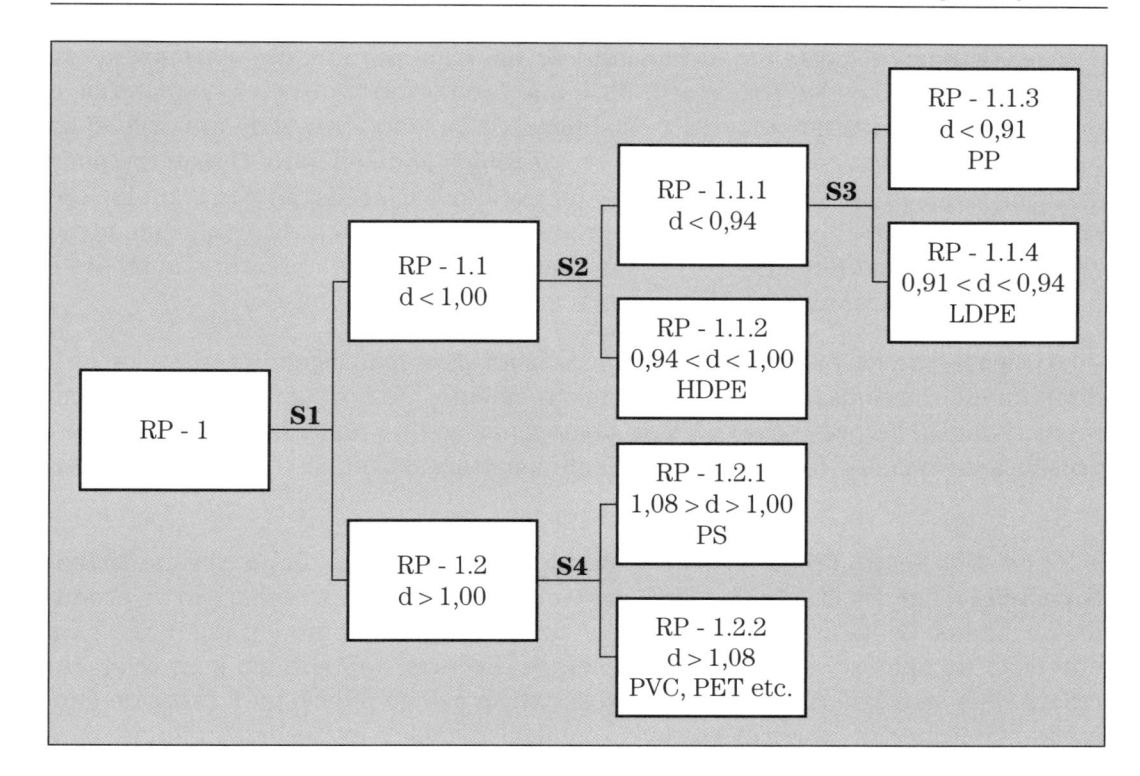

Figura 13.4
Separação por densidade de resíduos plásticos.
Fonte: Adaptado de C.M.C. Bonelli. *– Recuperação secundária de plásticos provenientes dos resíduos sólidos urbanos do Rio de Janeiro.* Tese de Mestrado. Instituto de Macromoléculas, Universidade Federal do Rio de Janeiro, 1994.
Observação:
RP - Fragmentos de resíduos plásticos;
S1 - Água; S2 - Solução hidroalcoólica (d = 0,94); S3 - Solução hidroalcoólica (d = 0,91); S4 - Solução salina (d = 1,08).

A próxima etapa do processo de reciclagem é a **secagem**, em que os fragmentos são retirados do processo de lavagem e segregação e levados para uma secadora, a fim de se extrair o máximo possível de água de forma mecânica. Durante a etapa de **aglutinação**, os fragmentos são conduzidos a um cilindro dispondo de uma hélice com facas que giram em alta rotação. O aglutinador tem como função a retirada por atrito do restante de umidade ainda presente nos fragmentos.

No caso dos resíduos plásticos flexíveis, que possuem densidade aparente baixa e incontrolável, ocorre a compactação do material pela formação de aglomerados. Isso ocorre devido à elevação de temperatura provocada pelo atrito dos resíduos, embora não chegue à fusão dos plásticos. Adiciona-se então uma quantidade dosada de água, que provoca um choque térmico, ocorrendo a contração do material e a formação de aglomerados. Outra função do aglutinador é possibilitar a mistura de aditivos – como cargas, pigmentos e lubrificantes – aos fragmentos de resíduos plásticos.

Os fragmentos lavados e bem secos, já misturados com aditivos, seguem então para a etapa de **reprocessamento**, durante no qual são homogeneizados em uma extrusora, que é um equipamento de transformação convencional de plásticos. Aditivos como lubrificantes, estabilizantes, antioxidantes, cargas reforçadoras etc., podem ser acrescentados aos fragmentos de resíduos, para compensar a perda de algumas propriedades durante a degradação, ou para corrigir a incompatibilidade entre os componentes da mistura. Esta é uma forma de ampliar o espectro de aplicação dos plásticos reciclados.

A **extrusora** consiste essencialmente de um cilindro em cujo interior gira um parafuso de Arquimedes (rosca sem-fim), que promove o transporte do material, o qual é progressivamente aquecido, plastificado e forçado através de um orifício na matriz montada no cabeçote existente na extremidade do cilindro. O material pode ser transformado em grânulos (*pellets*) ou em um novo produto. Os grânulos são obtidos a partir de um perfil contínuo, originado à saída da matriz, conhecido como "espaguete", o qual é resfriado em uma calha com água à temperatura ambiente e picotado em um granulador, que funciona também como tracionador.

A capacidade de produção de uma extrusora para reciclagem de plásticos está diretamente relacionada com o estado dos fragmentos de resíduos plásticos a serem reprocessados. Fatores como falta de homogeneidade no tamanho dos fragmentos, presença de umidade e/ou impurezas, diminuem sua capacidade e provocam desgaste do equipamento.

O plástico reciclado na forma de grânulos é vendido para indústrias de **transformação** a fim de serem utilizados como matéria-prima para confecção de produtos acabados. O material pode então ser utilizado diretamente em injetoras, para obtenção de baldes, bombonas e recipientes diversos; sopradoras, para recipientes de água sanitária e outras finalidades; extrusoras de filmes, para sacos de lixo, sacos plásticos para supermercado e construção civil; e extrusoras comuns, para mangueiras, conduítes etc.

Para determinadas aplicações, pode-se prescindir totalmente do processo de separação de plásticos e recuperá-los como misturas, para aplicação em substituição à madeira. A temperatura de processamento se situa na faixa de 170-220 °C, permitindo que os plásticos se fundam à temperatura mais baixa, como as poliolefinas – PP, LDPE e HDPE – que podem atuar como aglutinante dos resíduos que são amolecidos a temperaturas mais altas, como poliésteres e poliamidas, além de alguns contaminantes. Entretanto, a presença de poros grandes e de dimensões irregulares, além da presença de substâncias estranhas, diminui a resistência mecânica e prejudica a utilização do material para certas finalidades.

Produtos que prescindem parcialmente da separação de plásticos têm sido desenvolvidos no IMA, como a "madeira plástica", que pode substituir diversos materiais, principalmente a madeira natural, com inúmeras vantagens: não apodrece, não apresenta nós nem farpas, é resistente à água salgada e imune ao ataque de cupins e outros insetos. À semelhança da madeira, a "madeira plástica" pode ser serrada, aparafusada, pregada e aplainada e pode ainda ser modificada em suas características físico-mecânicas pela adição de cargas, lubrificantes, modificadores de impacto, corantes, pigmentos, biocidas e outros aditivos. As principais aplicações são moirões para cerca em estradas e áreas rurais, comedouros, estacas para proteção costeira, blocos para separação de trânsito e meios-fios, tapumes de construção, bancos de jardim, rodapés, portais, parapeitos de janela, abrigos para ônibus, telhados de garagem urbana, azulejos, revestimento de cozinhas e banheiros, pisos, divisórias de ambientes industriais ou escolares etc.

A tendência atual é procurar aplicações para os materiais obtidos na reciclagem, sem buscar a segregação individual dos diversos componentes poliméricos, tentando atingir um grau de qualidade competitiva com o polímero virgem comercial.

Em qualquer caso, deve ser considerada preliminarmente a viabilidade de coleta, seletiva ou semisseletiva, dos resíduos sólidos urbanos para a escolha da tecnologia mais apropriada, devido à compatibilidade dos constituintes da mistura a reciclar.

A humanidade precisa atingir o equilíbrio entre o que é produzido e consumido e o que é descartado. Há uma tendência irreversível à reciclagem dos materiais pós-consumidos. Assim, o homem terá conseguido integrar com eficiência a sua atividade dentro dos ciclos da Natureza.

Bibliografia recomendada

- Associação Brasileira de Normas Técnicas (ABNT), NBR 13.230: *Simbologia indicativa de reciclabilidade e identificação de materiais* (1994).
- Alter, H. *Disposal and reuse of plastics* in: Mark, H.F., Bikales, N.M., Overberger, C.G. & Menges, G. *Encyclopedia of Polymer Science and Engineering*, John Wiley, Nova York, vol. 5, 103 (1986).
- Andrews, G.D. & Subramaniam, P.M. *Emerging Technologies in Plastics Recycling* (1992).
- Revista Abinee, Ano II (9), 16 (2000).
- Bisio, A.T. & Xanthos, M. *How to manage plastics waste*, Hanser, Nova York (1995).
- Bonelli, C.M.C. & Vilhena, A.T. *Perfil de Recicladora de Plástico* – Reciclagem e Negócios. Compromisso Empresarial para Reciclagem, Rio de Janeiro 1994.
- Bonelli, C.M.C. *Recuperação secundária de plásticos provenientes de resíduos sólidos urbanos do Rio de Janeiro*. Tese de Mestrado, Instituto de Macromoléculas, Universidade Federal do Rio de Janeiro (1993).
- CEMPRE – Compromisso Empresarial para Reciclagem – Caderno de reciclagem n°. 6, *Compostagem: a outra metade da reciclagem*, São Paulo (1997).
- Ehrig, R.I. – *Plastics Recycling. Products and Processes*, Hanser, Nova York (1992).
- Mano, E.B. & Bonelli, C.M.C. Revista de Química Industrial, **62** (698), 18 (1994).
- Mano, E.B & Mendes, L.C. *Identificação de plásticos, borrachas e fibras*, Editora Blucher, São Paulo (2000).
- Mano, E.B & Mendes, L.C. *Introdução a Polímeros*, Editora Blucher, São Paulo (1999).
- CEMPRE & IPT. Manual de Gerenciamento Integrado, São Paulo (2000).
- Pacheco, E.B.A.V. & Ronchetti, L.M. *Avaliação do potencial da reciclagem de plásticos: caso de recuperadoras de PET do Estado do Rio de Janeiro*, 4° Congresso Regional de Engenharia Sanitária e Ambiental da 4ª Região da AIDI/Cone Sul e Encontro Latino-Americano de Resíduos Sólidos, São Paulo, São Paulo, Anais III 21, 2003.
- Paul, J. *Rubber reclaiming* in: Mark, H.F., Bikales, N.M., Overberger, C.G. & Menges, G. *Encyclopedia of Polymer Science and Engineering*. John Wiley, Nova York, vol. 14 (1986), p.787.
- Espinosa, D.C.R. & Tenório, J.A.S. - Revista Saneamento Ambiental, n° 67 (2000), p. 39.

- http://www.cempre.org.br, acessado em agosto, 2004.
- http://www.abiquim.org.br, acessado em agosto, 2004.
- http://www.matrix.com.br/peixe, acessado em agosto, 2004.
- http://www.institutodopvc.org.br, acessado em agosto, 2004.

DESTAQUES

Em decorrência da multiplicidade de aspectos abordados neste livro, julgamos que seria de utilidade para o leitor o destaque de alguns tópicos, sob forma mais compacta, tendo ao lado a indicação do capítulo no qual o assunto é tratado com maiores detalhes.

Capítulo 1 — A Natureza e o planeta Terra

1.1. Ao longo do tempo, a Natureza tem mostrado à Humanidade como preservar as condições propícias à conservação da vida das inúmeras espécies. A **biosfera**, que inclui todos os organismos vivos da Terra, interage como um todo com o ambiente físico.

1.2. A partir da conscientização dessa interação surgiu a **Hipótese de Gaia**, proposta pelo biólogo norte-americano James Lovelock, em 1972. Considera a Terra como um sistema intimamente interligado de processos físicos, químicos e biológicos, que interagem de modo autorregulador a fim de manter as condições necessárias à vida. Essa hipótese contrasta com a concepção de que a Terra é meramente um lugar inanimado, dispondo fortuitamente à superfície de condições que têm permitido a evolução de plantas e animais.

1.3. O respeito à conservação ambiental tem sido uma preocupação social constante nas últimas décadas, porém, é preciso um firme apoio do governo para que a curva de degradação crescente, observada em muitos países, seja realmente revertida.

1.4. Os quatro primeiros planetas do **Sistema Solar** — Mercúrio, Vênus, Terra e Marte – são planetas de superfície rochosa, sólida. Os quatro maiores planetas — Júpiter, Saturno, Urano e Netuno — são os gigantes gasosos.

1.5.   No **Universo**, que é o conjunto de todos os corpos que existem no infinito espaço celeste, o Sistema Solar ocupa um volume com 13 bilhões de quilômetros. O perfeito equilíbrio entre os astros é explicado pela **Lei da Atração Universal**, criada pelo físico inglês Isaac Newton no início de século XVIII: "No Universo tudo se passa como se os corpos se atraíssem na razão direta das massas e na razão inversa do quadrado das distâncias que os separam".

Capítulo 2 — O planeta e a terra

2.1.   Em 1912, o geofísico prussiano A. Wegener propôs a **Teoria da deriva continental**, que admitia ter ocorrido substancial modificação da distribuição de terras e águas do planeta, ao longo das eras e períodos geológicos até a situação atual. Assim, há 200 milhões de anos — no período jurássico — teria existido um supercontinente a que deu o nome de **Pangeia**, cercado por um vasto oceano, que denominou **Pantálassa**. A Pangeia teria se fragmentado gerando dois grandes continentes: a **Laurásia** e a **Gondwana**. Entre esses dois continentes haveria um braço de mar, que chamou de **Thetis**. Na passagem do triássico para o jurássico, rompeu-se em forma de um Y o fundo do mar, separando a Gondwana em três blocos. No fim do jurássico, o Atlântico Norte começou a formar-se com a separação da Laurásia em América do Norte e Eurásia. No período cretáceo inferior, o Atlântico Sul se formou ao separar-se a África da América do Sul. Finalmente, no período terciário, ocorreu a ligação das duas Américas.

2.2.   A crosta terrestre e a parte superior do manto são uma camada rígida, chamada **litosfera**, constituída pelas **placas tectônicas** que, como um mosaico, formam a superfície do globo. Embora bastante numerosas, as placas principais são dez. Essas placas se deslocam muito lentamente, a uma velocidade variável.

2.3.   A teoria da movimentação das placas explicaria a forma atual dos continentes.

2.4.   Quando a placa rígida da litosfera sofre uma ruptura, origina-se uma falha geológica e acontece o **terremoto**, ou **tremor de terra**, que é um abalo repentino da crosta terrestre, provocando grande trepidação; ocorre com frequência nas bordas das placas tectônicas.

2.5.   Nos limites das placas tectônicas é que se concentra a maior atividade sísmica do planeta. O **Círculo do Fogo**, beirando a costa oeste das Américas e a costa leste da Ásia, constitui uma evidência dessa correlação.

2.6.   Abaixo da litosfera, e como parte do manto superior, situa-se a **astenosfera**; suas condições de temperatura e pressão, muito elevadas, permitem a lenta mobilidade das placas tectônicas. É próximo às bordas das placas que o **magma**, existente no topo da astenosfera, ascende à superfície e extravasa ao longo de fissuras ou canais, formando os **vulcões**.

2.7.   A metade da massa sólida da crosta terrestre seca é constituída por oxigênio, como parte integrante das moléculas de óxidos e de sais, tais como sílica, carbonatos e sulfatos, e que 72% das rochas conhecidas são silicatos aluminosos. Quase toda essa massa é formada principalmente por oito elementos: oxigênio, silício, alumínio, ferro, cálcio, sódio, potássio e magnésio. Outros elementos químicos presentes em menor escala na crosta terrestre são: hidrogênio, titânio, flúor, cloro, carbono, enxofre, fósforo, bário e manganês.

2.8. Na crosta terrestre estão distribuídos os **193 países** que compõem o mundo político do início do século XXI. Não há correlação direta entre os maiores países em extensão territorial e os maiores países em população. A única coerência entre esses dois dados é justamente encontrada no **Brasil**, que é o **quinto maior país do mundo** tanto em extensão territorial quanto em população.

2.9. As maiores alturas acima do nível do mar e as maiores profundidades do solo oceânico mostram a correlação entre o relevo da crosta terrestre e as regiões de alta atividade vulcânica.

2.10. Na Ásia encontram-se os quinze maiores picos do planeta. O **Himalaia**, a mais alta cadeia de montanhas do mundo, atinge seu ponto culminante no **monte Everest**, o mais elevado da Terra. Os picos mais altos da Europa situam-se nos Urais, uma cadeia de montanhas localizada na Federação Russa, que separa a Europa da Ásia. Os vulcões mais altos estão presentes na América do Sul, enquanto as montanhas mais elevadas são encontradas na Europa e na Ásia.

2.11. A maior massa de terra contínua se encontra no Hemisfério Norte, a altas latitudes, enquanto, no Hemisfério Sul, a extremidade meridional dos continentes é sempre afilada, com menor massa. Talvez seja essa a razão da existência do continente Antártica, em contraposição à inexistência do correspondente continente ártico.

Capítulo 3 — O planeta e a água

3.1. Um pouco mais de **70% da superfície terrestre** é ocupada por **água**, distribuída em oceanos, mares, rios e lagos. De toda a água do mundo, apenas 4,9% são água doce. Desta água doce, somente 0,2% se encontra em rios e lagos; 31,4% estão no estado sólido, sob a forma de neve e gelo, e os restantes 68,4% estão disponíveis como água subterrânea.

3.2. O **lençol aquífero** é o volume de **água doce** que preenche os vazios de determinada zona da crosta terrestre, dentro da qual a água circula no sentido transversal. O **lençol freático** é um aquífero pouco profundo; é o lençol acessível aos poços domésticos. O **artesianismo** é a aptidão que tem um lençol cativo de se elevar dentro de um poço, excedendo o teto das camadas que o contêm.

3.3. A água subterrânea é importante para o abastecimento público de muitas cidades. O **Aquífero Guarani**, que é o maior manancial de água doce subterrânea do mundo (reservas estimadas em 43 mil quilômetros cúbicos), ocupa uma área de 1,2 milhão de quilômetros quadrados; está localizado na região centro-leste da América do Sul, abrangendo Brasil (2/3 da área total), Argentina, Paraguai e Uruguai.

3.4. Às vezes, a composição do solo junto aos lençóis freáticos permite que muito pequenas quantidades de alguns sais sejam dissolvidas, dando origem às **águas minerais**, que são classificadas e controladas pela legislação municipal.

3.5. Alguns **metais pesados** em elevado estado de pureza, principalmente manganês e ferro, podem ser encontrados no fundo dos oceanos sob a forma de nódulos, de tamanho entre uma batata e uma abóbora. São abundantes no Oceano Pacífico, onde existem profundezas abissais de 11.000 metros.

3.6. A **ressurgência** traz à superfície as águas frias do fundo dos oceanos, ricas em sais minerais. Na costa dos países de clima frio, os ventos empurram as águas rasas do litoral para dentro do oceano, e provocam a sua **reposição** pelas águas profundas, que carregam consigo componentes fertilizantes e viabilizam a **pesca industrial.**

Capítulo 4 — O planeta e o ar

4.1. As nuvens, os aviões a jato, o Monte Everest, com seus 8.848 metros de altitude – o mais alto do mundo – se encontram na **troposfera**. Os balões meteorológicos alcançam a **estratosfera**. Os meteoritos e os foguetes espaciais atingem a **mesosfera**. As espaçonaves ascendem à **termosfera**. A aurora boreal localiza-se na **exosfera**. A Lua, a 390.000 km de distância média da Terra, está no **espaço sideral**.

4.2. **Clima** é o conjunto de condições meteorológicas características do estado médio da atmosfera em um ponto da superfície terrestre. O clima pode ser frio, glacial, continental, marítimo, desértico, árido, semiárido, quente, tropical, subtropical, temperado etc.

4.3. Na presença de vapor de água e sob a ação dos raios solares, podem ocorrer reações químicas à superfície dos objetos quando descartados e expostos ao **intemperismo**. Com os plásticos, de resistência química elevada, pode ocorrer uma lenta degradação, de fora para dentro da peça, provocando, no longo prazo, a sua fragmentação.

4.4. **Vento** é o deslocamento horizontal do ar atmosférico, dentro da troposfera. Os ventos recebem diferentes denominações conforme a velocidade: calmaria, brisa, vento, ventania, vendaval, tempestade e furacão. Dependendo da turbulência e do local, recebe diversos nomes: tornado, furacão, tufão e ciclone.

4.5 . O Sol emite **radiações eletromagnéticas** distribuídas em amplo espectro, em que se destacam as radiações **luminosas**, isto é, luz visível e ultravioleta, e as radiações **caloríficas**, isto é, radiações infravermelhas. As radiações luminosas têm comprimento de onda menor e maior energia e atravessam facilmente a atmosfera, enquanto as radiações caloríficas têm maior comprimento de onda e energia mais baixa e são, em boa parte, absorvidas pelo vapor de água, dióxido de carbono e poeira.

Capítulo 5 — A vida na Terra

5.1.   A idade da Terra é de cerca de 4,5 bilhões de anos. A vida começou há 3,5 bilhões de anos, nos oceanos primitivos. O homem, *Homo sapiens*, surgiu há 150 mil anos.

5.2.   Os primeiros indícios da vida humana na Terra se basearam em dados antropológicos; modernamente, estudos de **DNA nuclear e mitocondrial** têm sido realizados. A história evolutiva da espécie *Homo sapiens*, ou homem moderno, ainda não está completamente esclarecida. Dados de aceitação generalizada quanto ao desenvolvimento dos gêneros ancestrais mostram o progressivo aumento do volume do cérebro à medida que ocorria a evolução.

5.3.   A seleção natural continua a dirigir a evolução dos organismos. Pequenas mutações, isto é, mudanças do material genético de um organismo, surgem aleatoriamente, porém são necessários mais de 3 mil anos de isolamento de um grupo humano geneticamente idêntico para que surjam modificações significativas em uma das estruturas de seu DNA, criando uma marca distintiva, permanente, na sequência de genes dessa população. Este efeito produziu na humanidade diferentes raças, porém não diferentes **espécies**: todos os homens são da mesma espécie, *Homo sapiens*.

5.4.   Durante muito tempo, o estudo da evolução humana tinha grande preocupação em encontrar vestígios de uma forma intermediária entre o chimpanzé e o homem – o chamado elo perdido. No entanto, descobertas recentes não permitem dúvidas sobre a evolução distinta dos macacos antropoides e dos hominídeos (homem), sem qualquer **elo perdido**.

5.5.   Em relação à **população brasileira**, sabe-se que 97% provêm de um tronco paterno europeu; o tronco materno mostra variações, sendo 39% de europeus, 33% de ameríndios e 28% de africanos.

Capítulo 6 — A poluição ambiental

6.1.   No início do século XXI, a sociedade se depara com alguns problemas inexistentes para as gerações anteriores. Um deles é a **poluição ambiental.**

6.2.   Os materiais produzidos pela Natureza estão inseridos nas leis gerais que regem o planeta e o mantêm próprio à existência da vida. Os ciclos de **renovação natural** vêm operando ao longo de milhões de anos, desde que surgiu a mais simples célula viva, com um extraordinário equilíbrio, permitindo a renovação crescente das condições necessárias à manutenção da vida. Esse equilíbrio vem sendo ameaçado pela **poluição**.

6.3. As principais causas da poluição ambiental são atribuídas ao contínuo **aumento da população** e ao vertiginoso **desenvolvimento industrial**. A população mundial, que era em torno de 750 milhões por volta de 1750, atingiu 2,5 bilhões em 1950 e atualmente já ultrapassa 6 bilhões. O aumento da população acarreta uma produção crescente de alimentos e de poluentes: seus resíduos, esgoto, fertilizantes, agrotóxicos, sabões e detergentes.

6.4. A **Revolução Industrial**, a partir de 1760, tornou possível a produção de bens em larga escala, como tecidos de algodão, lã, linho e seda, materiais de construção, ferro e cobre, cerveja, couro, sabão, vela, carvão e papel, todos de origem natural. Havia o retorno quase total dos refugos aos ciclos da Natureza, com o **mínimo de impacto ambiental**.

6.5. As duas Guerras Mundiais provocaram um desequilíbrio no desenvolvimento dos países. A **Primeira Guerra Mundial** foi deflagrada em 1914 pela Alemanha contra a França, a Inglaterra, a Rússia e outros países, congregados com o nome de *Entente*, que venceram em 1918. A **Segunda Guerra Mundial**, depois de formado o Eixo entre a Alemanha e a Itália, foi iniciada em 1939 também pela Alemanha, associada com o Japão e sete outros países, contra a Polônia, a França, a Inglaterra, a Rússia, os Estados Unidos e outros, ao todo cerca de 50 países, autodenominados *Nações Unidas*. A Segunda Guerra Mundial terminou em 1945, com a vitória das Nações Unidas.

6.6. A capacidade de recuperação dos seres humanos é extraordinária. Durante os períodos de guerra, havia carência generalizada de tudo. As atividades de pesquisa estavam reduzidas ao mínimo. Entretanto, uma década após o término dos conflitos, já surgiam no mundo os frutos do desenvolvimento de novos produtos, principalmente alguns **catalisadores especiais**, que iriam provocar mudanças radicais na preservação ambiental.

6.7. **Catalisadores** são produtos cuja presença, mesmo em quantidades insignificantes, pode modificar uma reação química. Assim, resultam novos produtos, por processos economicamente viáveis. Foram os catalisadores de **Ziegler**, na Alemanha, e de **Natta**, na Itália, atualmente associados sob a denominação de **catalisadores de Ziegler-Natta**, que permitiram a polimerização dos hidrocarbonetos olefínicos do petróleo, como o etileno e o propileno. Foi gerada uma quantidade enorme de materiais plásticos versáteis, quimicamente inertes e de baixo custo, e portanto valiosos na confecção de embalagens de todos os tipos, para alimentos, medicamentos, produtos químicos etc. Por outro lado, todos esses materiais são de difícil degradação natural.

6.8. Até a metade do século XX, a produção industrial no mundo não ultrapassava 35.000 toneladas de polímeros. Entretanto, a redução do custo de produção e a variedade de poliolefinas obtidas por processos catalíticos permitiram que estes materiais logo assumissem um papel de extrema relevância no setor de

embalagens. Assim, já na virada do século, cerca de 200 milhões de toneladas de polímeros sintéticos – **quase 5.000 vezes mais** – foram lançados no mercado pela demanda de consumo cada vez maior da sociedade.

6.9. Deve-se considerar que, quando há densas **aglomerações humanas** no planeta, as embalagens do tipo descartável tornam-se um sério problema. A cidade mais populosa do mundo é **Tóquio**, no Japão, com 26.400.000 habitantes; **São Paulo** é a quarta, com quase 18 milhões de pessoas, e o **Rio de Janeiro**, a décima oitava, com cerca de 10 milhões. Quanto maior for a densidade populacional, maior é o consumo e, consequentemente, o descarte de resíduos, que podem atingir volumes imensos e causar poluição indesejável.

6.10. A fonte de todos os produtos empregados nas reações com os novos catalisadores era o **petróleo**. Cerca de 64% da produção brasileira de petróleo está em águas de mais de 400 metros de profundidade; 18% encontram-se em lâminas de água menores que 400 metros; 18% da produção são provenientes de campos em terra. A Petrobras é a maior produtora de petróleo em águas profundas no mundo.

6.11. **Efeito estufa** é o mecanismo de aquecimento natural do planeta, com elevação da temperatura da atmosfera; esse efeito vem sendo observado há mais de um século. A atmosfera permite a entrada de uma grande quantidade das radiações oriundas do Sol. A maior parte dessas radiações perde-se no espaço exterior, enquanto uma certa quantidade é absorvida nas baixas camadas atmosféricas, principalmente pelo gás carbônico (CO_2), pelo metano (CH_4) e pelo vapor de água. Cria-se um manto quente na superfície da Terra, com a atmosfera exercendo um efeito de estufa, retendo uma pequena parte do calor e assim contribuindo para a manutenção de uma temperatura global média de 15 °C. Sem o efeito estufa, a temperatura média da Terra seria de 18 °C negativos. Portanto, o efeito estufa natural é benéfico ao planeta, pois cria condições propícias à manutenção da vida.

6.12. O aumento substancial das emissões de **gás carbônico** tem alterado o comportamento atmosférico, pois, à medida que aumenta o teor de CO_2, intensifica-se também a retenção de calor pelo efeito estufa e, consequentemente, mais elevada fica a temperatura média do globo terrestre. A industrialização estimula muito o aumento de gases de efeito estufa na atmosfera, em virtude da queima de combustível fóssil. As queimadas das florestas também produzem CO_2 para a atmosfera.

6.13. As consequências exatas desse aumento de temperatura ainda são desconhecidas, mas algumas previsões podem ser feitas: aquecimento da Terra; alteração nos ecossistemas; escassez de água e de alimentos; aumento do nível do mar; extensão ao mundo todo de doenças típicas de países quentes; alteração do ritmo do fenômeno El Niño, com grande impacto no clima do mundo.

6.14. A **ozonosfera** é a camada da atmosfera mais rica em **ozônio**. Tem papel relevante como filtro dos raios solares, absorvendo mais de 95% das radiações ultravioleta, impedindo que tais radiações cheguem à superfície da Terra e causem danos ao homem, como anomalias, deformações, atrofias etc.

6.15. No século XX, em meados da década de 80, confirmou-se que o ozônio estava sendo progressivamente destruído, devido a produtos químicos, especialmente os cloroflúor-carbonetos, **CFC**, que eram muito empregados em frigoríficos, aparelhos de ar refrigerado, acolchoados para estofamento de carros e móveis, e aerossol para vários produtos, utilizados em laquês de cabelo, desodorantes, tintas.

6.16. **Ecologia** é uma ciência que envolve todas as relações, amistosas ou não, entre o animal e seu ambiente. **Ecossistemas** são sistemas de organismos vivos, vegetais e animais, em interação com o seu ambiente.

6.17. A queima de derivados de petróleo e carvão provoca a formação de gases nitrosos e sulfurosos. São os óxidos de nitrogênio [$(NO)_x$] e o dióxido de enxofre (SO_2) que, reagindo com o vapor da água (H_2O) da atmosfera, formam ácido nítrico (HNO_3) e ácido sulfúrico (H_2SO_4), os quais provocam a **chuva ácida**, também sob a forma de neblina ou de neve. A chuva ácida compromete as construções, a vida aquática e a vida terrestre.

6.18. A manutenção da vida na Terra depende da riqueza e multiplicidade de ambientes, dos seres e suas interações, em que todos os organismos, dos vírus às árvores, colaboram mutuamente para as condições de existir. O ser humano, no entanto, com um modelo de desenvolvimento que usa e descarta recursos ambientais em massa, tem exaurido o planeta.

Capítulo 7 — As principais fontes de energia

7.1. A grande importância das **fontes naturais de energia** para a sociedade moderna é a geração de calor, de eletricidade e de força motriz. As principais fontes são o **petróleo**, o **carvão** e o **gás natural**, de **origem fóssil**, provenientes de matéria-prima não renovável e assim esgotáveis ao fim de um certo tempo. A energia hidráulica, também importante, é proveniente de matéria-prima renovável, isto é, dos rios.

7.2. Além dessas, a Natureza oferece ao homem ainda outras fontes de energia, as quais despertam maior interesse: a **energia eólica**, obtida dos ventos; a **energia nuclear,** decorrente da fissão de átomos de urânio; a **energia solar**, captada dos raios solares; e a **energia vegetal**, originária da combustão do **etanol**, produzido pela fermentação do caldo de cana-de-açúcar, ou da **biomassa**, proveniente de outros produtos agrícolas.

7.3. Embora com grande potencial, não está completamente viabilizada a tecnologia para o emprego da **energia dos oceanos** ou do **calor terrestre**. Há ainda recentes avanços do uso do **hidrogênio** em células a combustível.

7.4. Praticamente 90% das reservas de **petróleo** e de **carvão** estão localizadas no

Hemisfério Norte. Também 90% dos desertos estão no Norte, e três países – Federação Russa, Estados Unidos e Canadá – detêm as maiores reservas de **carvão**, cuja produção mundial é de 5 bilhões de toneladas/ano.

7.5. É interessante considerar que as fontes de origem fóssil, assim como físsil, vão sendo continuamente exauridas; que a produção de energia hidráulica implica a perda de vastas regiões de terra fértil; que as energias solar e eólica, renováveis, exigem regiões ensolaradas e ventosas; que a energia vegetal, renovável, tem profunda relação com circunstâncias socioeconômicas; que a energia dos oceanos, também renovável, depende de regiões costeiras especiais; e que as características explosivas do hidrogênio são uma dificuldade no desenvolvimento da tecnologia para sua utilização.

7.6. A importância fundamental da eletricidade reside essencialmente na possibilidade de se transformar a energia da corrente elétrica em outra forma de energia: mecânica, térmica, luminosa etc. Os processos usuais de conversão de energia transformam energia térmica em energia mecânica e esta em energia elétrica. No caso de recursos hidráulicos, obtém-se energia mecânica e dela, energia elétrica.

7.7. O precursor do petróleo é o plâncton. **Plâncton** é a designação geral dada a uma enorme diversidade de seres vivos de reduzidas dimensões que flutuam errantemente nos oceanos, rios e lagos, em águas doces, salobras ou marinhas. Estes seres microscópicos são a base da cadeia alimentar dos seres vivos.

7.8. O **petróleo** é classificado segundo a sua natureza química em três grupos: petróleo de **base parafínica**, petróleo de **base naftênica** ou asfáltica, e petróleo de **base aromática**. Há ainda petróleo de **base mista**, com os três tipos de componentes presentes.

7.9. As **reservas de petróleo** conhecidas são avaliadas em 1 trilhão de barris, das quais a maior parte (65%) está na região do **Golfo Pérsico**. Os maiores produtores mundiais de petróleo são Arábia Saudita, Estados Unidos e Federação Russa.

7.10. O **Brasil** dispõe de reservas de petróleo, localizadas principalmente em sua **plataforma continental**, porém são menores e de difícil extração, devido à profundidade em que se encontram, **abaixo de 1.000 metros**.

7.11. O **gás natural** bruto é refinado para remoção de impurezas, como água, areia, outros gases etc. Alguns hidrocarbonetos, como butano e propano, são separados e comercializados em botijões. O gás natural é transportado por uma rede de gasodutos. A sua combustão completa libera o dióxido de carbono e o vapor de água, ambos produtos não tóxicos; assim, o gás natural é uma fonte de energia ecológica e **não poluente**.

7.12. **Carvão** pode ser definido como um material combustível sólido, poroso, negro, formado por uma mistura de componentes, podendo ser tanto de origem natural – carvão mineral – quanto fabricado a partir da madeira – carvão vegetal.

7.13. Atualmente, a estimativa das reservas mundiais de **carvão** está acima de 8 trilhões de toneladas, das quais 97% estão no Hemisfério Norte. No Brasil, que não é um grande produtor, o carvão de melhor qualidade é encontrado no Estado de Santa Catarina.

7.14. O **carvão** é consumido em maior tonelagem do que a maioria dos *commodities* produzidos pelo homem. As reservas de carvão excedem em muito as reservas conhecidas combinadas de todos os outros combustíveis. No **futuro**, quando o suprimento dos outros materiais se exaurir ou se tornar muito caro para que o crescimento industrial continue, o carvão será provavelmente usado em maiores quantidades.

7.15. Os **rios** constituem uma importante fonte de energia natural não poluente. A energia hidráulica tem como força motriz a água em movimento. A água de uma represa, constantemente renovada, é a fonte de energia mecânica que se converte em energia elétrica. Rios que descem por rochas duras e resistentes formam uma série de cachoeiras em degraus, as **cataratas**. Em países mais adiantados, a energia hidrelétrica é utilizada como complemento de usinas termoelétricas.

7.16. O **Brasil** é um dos poucos países que podem aproveitar melhor a **energia hidrelétrica**, em vista de sua situação geográfica privilegiada. A hidrelétrica é a principal fonte de energia no Brasil, representando cerca de 84% do total. Outros países de grandes dimensões, como os Estados Unidos, a Federação Russa, a China e o Canadá, dispõem também de excelentes possibilidades.

Capítulo 8 — As fontes alternativas de energia

8.1. Algumas fontes alternativas de energia natural, já bastante desenvolvidas e aplicadas em muitos países, são: os **ventos**, o **Sol** e a **biomassa**, são matérias-primas renováveis, enquanto que o **urânio**, energia físsil, não é renovável. A produção de energia a partir dos **oceanos**, a **geotermia** e o **hidrogênio**, também fontes renováveis, está ainda em fase de desenvolvimento e tem boas perspectivas para o futuro.

8.2. Os **ventos** são uma abundante fonte de energia renovável, limpa e disponível em qualquer lugar. Embora seja uma fonte de energia intermitente, o comportamento do vento pode ser previsto; seu aproveitamento em escala comercial já vem sendo feito há décadas.

8.3. Uma vantagem da energia dos ventos sobre a hidrelétrica é que quase toda a área ocupada por uma central eólica pode ser utilizada para agricultura, pecuária ou preservação ambiental.

8.4. As **fazendas eólicas** apresentam alguns impactos ambientais, apesar de não emitirem poluentes tóxicos, pois alteram a paisagem, podem ameaçar pássaros se forem instaladas em sua rota de migração, emitem ruído de baixa frequência que pode causar incômodo e são responsáveis por interferência na transmissão de televisão.

8.5. A energia gerada por uma turbina eólica moderna está relacionada ao cubo da velocidade do vento. Na prática, é proporcional apenas ao quadrado dessa velocidade.

8.6. O **Sol** é a fonte de luz e calor que responde pela vida na Terra. A energia solar é abundante e permanente, renovável a cada dia, sem poluir nem prejudicar o ecossistema. A energia solar é ideal para áreas afastadas dos grandes centros e ainda não eletrificadas, especialmente em um país como o Brasil, onde se encontram bons índices de insolação em qualquer parte do território.

8.7. As radiações solares compreendem o infrassom, som, ultrassom, ondas de rádio AM (amplitude modulada), ondas curtas de rádio, ondas de televisão e rádio FM (frequência modulada), radar, raios infravermelhos, luz visível, raios ultravioleta, raios X, raios gama e raios cósmicos.

8.8. As ondas de **ultrassom**, de frequência entre 20.000 e 1 milhão Hz, são **inaudíveis** pelo homem, embora audíveis por alguns animais. As vibrações com frequência menor que 1.000 Hz também não são audíveis pelo homem. A estreita faixa de **percepção visual** humana é apenas uma janela de frequência próxima a 100 trilhões Hz, correspondendo a comprimentos de onda de 390 nm a 780 nm, dentro do espectro visível. Essas são as **limitações acústicas e visuais do ser humano,** dentro da imensa escala sideral.

8.9. A região do **espectro eletromagnético visível** vai de 380 nm até 750 nm. A partir daí, começa a região de absorção no infravermelho, de comprimentos de ondas maiores.

8.10. **As cores observadas pela visão humana são complementares às cores absorvidas**. Assim, à cor absorvida azul corresponde a cor visível amarela, e vice-versa. Há uma variação nos limites de comprimentos de onda estabelecidos para as cores e também para suas denominações, conforme a fonte consultada.

8.11. A energia solar pode ser utilizada sob a forma fototérmica ou sob a forma fotovoltaica. A **energia solar fototérmica** é a energia que um derminado corpo pode absorver sob a forma de calor, quando exposto à radiação solar. A **energia solar fotovoltaica** é o resultado da conversão direta da luz em eletricidade.

8.12. **Coletores solares** são equipamentos que utilizam a energia solar fototérmica, graças ao aquecimento de fluidos, líquidos ou gasosos, mantidos em reservatórios termicamente isolados até seu uso final.

8.13. Assim como o vento, o **Sol** é uma **fonte inconstante** de energia que requer um sistema de baterias para torná-la eficiente. A tecnologia vem avançando e consegue captar a energia, mesmo em dias nublados.

8.14. A **energia solar** possui muitas vantagens por não ser poluente, não contribuir para o efeito estufa e não precisar de turbinas ou geradores para a produção de energia elétrica. Tem como desvantagem ambiental a **sombra**, provocada pelas grandes placas que captam os raios solares, as quais impedem o desenvolvimento de plantações e de animais, que também necessitam da energia solar para sua sobrevivência.

8.15. Uma característica própria da energia solar é permitir estender o progresso ao mundo todo, sem comprometer o futuro e tornar possível, algum dia, a conquista do desenvolvimento sustentável.

8.16. **Biomassa** é um termo genérico que se refere ao conjunto de recursos biologicamente renováveis, originados de material vegetal, que podem ser transformados em energia útil, tal como o calor, a eletricidade e a força motriz. Cerca de 10% da energia produzida hoje no Brasil é proveniente da **biomassa**; ela já é a terceira principal fonte de energia no País, ficando atrás apenas do **petróleo** e da **energia hidrelétrica**.

8.17. A **biomassa** pode ser transformada em bioenergia por meio de um grande número de processos que utilizam diferentes tecnologias: combustão, fermentação, produção de combustíveis, gaseificação etc.

8.18. A **combustão** de restos de madeira em caldeiras e fornos libera calor que pode gerar eletricidade. A **fermentação** é a desintegração da biomassa por uma bactéria anaeróbica para formar uma mistura de metano e dióxido de carbono; esse **biogás** é usado para a geração de eletricidade. A fermentação é útil em indústrias: esse processo é aplicado no tratamento de efluentes para purificá-los. A produção de substâncias líquidas pode ser feita graças à conversão biológica de açúcares em álcool pela ação de bactérias. Pode ser conseguida ainda pela extração de sementes para obtenção de biodiesel, ou pela conversão térmica, por decomposição de material vegetal na ausência de oxigênio e temperaturas elevadas. A **gaseificação** é a conversão de biomassa em combustível gasoso.

8.19. A **cana-de-açúcar** é um dos principais produtos agrícolas do País, sendo cultivada desde a época da colonização. É considerada no Brasil como o principal tipo de biomassa energética, base para todo o agronegócio sucroalcooleiro. No processo de industrialização, obtêm-se como produtos o **açúcar** e o **etanol**, e como subprodutos, o vinhoto e o bagaço.

8.20. A cana-de-açúcar contém cerca de 14% de **açúcar**. A cana cortada é submetida a esmagamento em moendas, resultando o caldo, utilizado para a obtenção do **açúcar**, por concentração, ou usado na preparação do mosto a ser fermentado, para a produção do etanol. O resíduo da moagem é o **bagaço**. O resíduo da destilação do mosto fermentado é o **vinhoto**.

8.21. Óleos de origem vegetal, que são um recurso renovável, podem ser usados para a produção de **biodiesel**. Os óleos vegetais podem ser utilizados *in natura* ou modificados por processos físicos ou químicos. O Brasil dispõe de uma grande diversidade de espécies vegetais oleaginosas, de **origem nativa**, como o buriti, o babaçu e a mamona, ou de cultivo de **ciclo curto**, como a soja e o amendoim, ou de **ciclo longo**, como o dendê.

8.22. O **urânio** é um combustível **nuclear**, encontrado em rochas sedimentares na crosta terrestre como óxido ou fosfato. O urânio de ocorrência natural tem 14 isótopos radioativos. O minério é comercializado como concentrados de U_2O_3 sob o nome de ***yellow cake***.

8.23. O **combustível nuclear** é o dióxido de urânio, **UO_2**, enriquecido a 3% de isótopo radioativo ^{235}U. O calor é produzido pela energia liberada no processo de fissão do combustível e transferido à água pressurizada que circula pelo núcleo do reator. No Brasil, o processo usado para o enriquecimento do urânio é a **centrifugação**.

8.24. Os núcleos de certos isótopos de elementos pesados, de número atômico 92 (urânio) em diante, são físseis. **Fissão** é a divisão de um núcleo atômico em dois fragmentos, com emissão de radiação gama e de nêutrons.

8.25. Como o **isótopo ^{235}U**, gerador de energia, é o isótopo de urânio mais raro – 0,7% em relação ao urânio total – e a reação em cadeia não se mantém em regime contínuo. Para sua utilização em **usinas nucleares**, é necessário enriquecer o isótopo ^{235}U para cerca de 5%. Na situação extrema, com a proporção de isótopo superenriquecida a 90%, a reação se torna explosiva: é a **bomba atômica**. Deve-se observar que, para ambos os fins, a fabricação de energia ou de bomba atômica, é necessário o enriquecimento artificial do urânio natural.

8.26. As usinas nucleares não liberam para a atmosfera poluentes químicos, fumaças ou cinzas. Entretanto, são gerados rejeitos radioativos tais como combustível irradiado ou resíduos de reprocessamento, que precisam seguir o lento processo natural de decaimento nuclear por milhares de anos. A presença de usinas nucleares causa forte impacto psicológico negativo na população das redondezas.

8.27. Os oceanos são uma fonte inesgotável de energia, graças ao movimento das **ondas**, às **marés altas e baixas** e à diferença de **temperatura** entre as camadas do oceano.

8.28. No caso das **marés**, o princípio de conversão de energia consiste no uso da diferença de níveis de água oceânica em ambos os lados de um dique. Apresenta como desvantagem a geração cíclica e descontínua de energia.

8.29. A **energia geotérmica** é tão antiga quanto a existência de nosso planeta. É uma energia alternativa abundante, não renovável; não consome oxigênio e é amplamente disponível.

8.30. As correntes subterrâneas de água que passam junto às rochas quentes a uma grande profundidade causam o aquecimento da água e sua transformação em vapor. São chamadas **águas termais**; quando brotam ambos, água quente e vapor, recebem a denominação de **gêiseres**.

8.31. A **energia geotérmica** é uma fonte alternativa que necessita ainda de muita pesquisa para melhor aproveitamento.

8.32. O funcionamento da **célula a combustível** consiste na combinação de átomos de hidrogênio e oxigênio gerando uma molécula de água, quando dois elétrons são liberados, formando uma corrente elétrica.

8.33. A utilização de células a combustível ainda é restrita pelo alto custo. Mas, mesmo que o custo de instalação seja alto, a operação é mais barata do que a de um gerador termoelétrico de igual potência. Isso acontece porque a eficiência da célula a combustível se aproxima dos 80%, considerando a eletricidade e o calor, enquanto a geração convencional consegue eficiência de apenas 30%.

Capítulo 9 — O desenvolvimento sustentável

9.1. A ideia do **desenvolvimento sustentável** surgiu da preocupação da sociedade com o futuro em um planeta onde a temperatura está cada ano mais elevada e a poluição da atmosfera, em certos pontos, causa problemas respiratórios.

9.2. A **toxicidade dos metais** como poluentes da atmosfera e da água varia conforme o metal e depende da forma molecular e a da concentração em que se encontra.

9.3. Desde 1972, uma série de reuniões para tratar da **poluição ambiental** tem sido realizada com o objetivo de reduzir progressivamente as atividades do homem nocivas à manutenção da vida no planeta. As principais reuniões foram: Conferência de Estocolmo (1972), Conferência de Tbilisi (1977), Protocolo de Montreal(1987), Rio-92 (1992) e Protocolo de Kyoto (1997).

9.4. A primeira **Conferência das Nações Unidas para o Meio Ambiente**, realizada em **Estocolmo**, Suécia, em 1972, tratou da **educação ambiental** e das relações entre **desenvolvimento e meio ambiente.**

9.5. A **educação ambiental** foi definida na **Conferência de Tbilisi**, na Geórgia, em 1977, como um processo permanente, no qual o indivíduo e a comunidade passam a ter conhecimento do meio ambiente, de forma a torná-lo apto a agir, individual ou coletivamente, e resolver problemas ambientais.

9.6. **Meio ambiente** é o conjunto de condições, leis, influências e interações de ordem física, química e biológica que permitem, abrigam e regem a vida em todas as suas formas (Lei 6.938, de 31/08/1981).

9.7. O **Protocolo de Montreal**, criado em 1987, tinha como objetivo estabelecer prazos para a eliminação das substâncias destruidoras da camada de **ozônio**, visando a que se chegue ao fim da utilização desses produtos até 2010.

9.8. Na **Rio-92**, foi aprovada a **Convenção sobre Mudanças Climáticas**. Foi obtida a aceitação formal por parte de 182 governos mundiais quanto à necessidade de mudança, consolidada na **Declaração do Rio sobre o Meio Ambiente**. Foram estabelecidas estratégias para redução do **efeito estufa**, com o comprometimento de representantes de mais de 150 países. Também foi adotada a **Agenda 21**, para o novo século.

9.9. O **Protocolo de Kyoto**, em 1997, implementou a **Convenção das Nações Unidas sobre Mudanças Climáticas**, com o objetivo de reduzir as emissões de gases que provocam o efeito estufa, por meio de **cotas de emissão de carbono**, destinadas apenas a países industrializados.

9.10. A **Comissão Brundtland**, em 1987, tornou pública a expressão **desenvolvimento sustentável**, definida como "um processo de mudança em que a exploração de recursos, as opções de investimento, a orientação do desenvolvimento tecnológico e a mudança institucional ocorram em harmonia e fortaleçam a satisfação das necessidades e aspirações humanas no presente, sem descuidar das gerações futuras".

9.11. Para maximizar o **desenvolvimento sustentável** em nosso planeta, várias ações podem ser implantadas, entre elas, a limitação do crescimento populacional, a preservação da biodiversidade e dos ecossistemas, a diminuição do consumo de energia e o desenvolvimento de tecnologias que façam o uso de fontes energéticas renováveis.

9.12. Sabe-se hoje que, se a economia mundial continuar a crescer em torno de 3% ao ano, em 2050 os recursos naturais estarão esgotados.

Capítulo 10 — Os componentes do lixo urbano

10.1. O problema do **acúmulo de lixo** surgiu com a transferência dos resíduos produzidos para locais afastados das aglomerações humanas.

10.2. A crise energética mundial, ocorrida em 1973, alertou a sociedade para a necessidade da **economia de energia**.

10.3. Nas grandes cidades brasileiras, grande parte do lixo é composta de **papel** (cerca de 20%). O **plástico** constitui pouco menos de 20%. **Vidro** e **metal** representam pequeno percentual (3% e 2%, respectivamente). O que predomina no lixo urbano é **matéria orgânica** (acima de 50%).

10.4. A economia de energia gerada pela **reciclagem** de alguns **metais** é cerca de 90% em relação ao mesmo metal oriundo do minério.

10.5. Na **reciclagem do vidro**, o caco funciona como matéria-prima já balanceada e não precisa de temperatura tão alta para se fundir.

10.6. Os **plásticos** são o tipo de material polimérico mais presente no lixo; pelo grande volume em relação ao peso, são mais visíveis e se destacam como poluidores do meio ambiente.

10.7. O pneu pode ser utilizado como fonte de energia pela sua queima, o que caracteriza a **reciclagem energética**, porém a emissão de gases, como dióxido de enxofre, pode levar à precipitação de **chuvas ácidas**.

10.8. O **concreto** constitui cerca de 50% do material consumido, descartado após o tempo de vida útil das construções, estimado em 50 anos. A **madeira** e a **cerâmica**, com cerca de 10% cada uma, representam resíduos para futuro descarte. Os **plásticos** correspondem a apenas 2% de consumo anual e dão origem a posterior refugo. A existência dos refugos plásticos de material de construção, anualmente cerca de 2 bilhões de toneladas, não pode ser ignorada.

10.9. A quantidade de **resíduos de construção** gerada nas cidades é igual ou maior que a gerada a partir de resíduo domiciliar.

Capítulo 11 — O gerenciamento dos refugos urbanos

11.1. O gerenciamento da destinação dos resíduos urbanos consiste em um conjunto de ações normativas, operacionais, financeiras e de planejamento para disposição do lixo de forma ambientalmente segura.

11.2. Para atingir o objetivo, é em geral adotada a filosofia condensada sob a denominação **3R**, que significa **Reduzir**, **Reutilizar** e **Reciclar**.

11.3. Antes do consumo, é preciso **Reduzir** o volume do material a ser descartado, por redimensionamento e modificação da forma dos recipientes.

11.4. O fabricante deve levar em consideração a possibilidade de o consumidor **Reutilizar** a embalagem para qualquer outra utilização caseira.

11.5. A última opção é **Reciclar**. Na reciclagem, o que se aproveita é o material, para ser transformado em uma nova peça ou para recuperar energia, fazendo retornar ao ciclo produtivo.

11.6. A **coleta seletiva** envolve a separação dos materiais pela população na fonte, com posterior coleta e envio a usinas de triagem, cooperativas, sucateiros, beneficiadores ou recicladores. Os refugos sólidos urbanos são comparados a um "minério" do qual podem ser recuperados papel, metais, vidro e plástico.

11.7. O programa de **coleta seletiva** pode ser realizado de duas formas: coleta porta a porta ou postos de entrega voluntária.

11.8. Em países menos desenvolvidos, após a coleta, várias formas de destinação do lixo podem ser escolhidas: lixão, ou aterro controlado, ou aterro sanitário, ou usina de triagem. Daí, o material é encaminhado à reciclagem, ou à reutilização e depois à reciclagem, ou à incineração, ou à compostagem.

11.9. A incineração do lixo urbano produz gases nocivos pela possibilidade de ocorrer uma reação química entre eles e a umidade do ar. Por exemplo, dióxido e trióxido de enxofre, produzindo ácido sulfúrico, e óxidos de nitrogênio, formando ácido nítrico, são responsáveis pelas chuvas ácidas. Dióxido de carbono, gerado na combustão de compostos orgânicos, é produzido em grande quantidade nas queimadas e é causador do **efeito estufa**.

11.10. A incineração do lixo gera resíduos como escórias, cinzas e gases, que podem conter substâncias, como HCl, SO_x, NO_x, dioxinas, furanos, metais e produtos de combustão incompleta, os quais devem receber tratamento.

Capítulo 12 — Os resíduos plásticos

12.1. A **poluição ambiental** foi sentida pela sociedade moderna no início dos anos 70, devido aos imensos volumes de objetos de plástico, utilizados e descartados aleatoriamente. Nessa época surgiram as expressões *commodities* e, em contraposição, *specialties*. As **poliolefinas**, de custo mais baixo e de fácil processamento, eram e continuam sendo os polímeros de uso mais comum, largamente encontrados no mercado, e estavam no apogeu de seu desenvolvimento.

12.2. *Commodities* são polímeros para uso geral, têm baixo preço (inferior a US$ 2/kg) e grande consumo (da ordem de 10 milhões de toneladas por ano); por exemplo, o polietileno de alta densidade (HDPE), o polietileno de baixa densidade (LDPE), o polipropileno (PP), o poliestireno (PS) e o poli(cloreto de vinila) (PVC).

12.3. *Pseudo commodities* são polímeros de utilização específica, preço médio (na faixa de US$ 2 a US$ 7/kg) e consumo médio (na ordem de 100 mil t/ano); por exemplo, o poli(metacrilato de metila) (PMMA), o poli(tereftalato de etileno) (PET), o policarbonato (PC), a poliamida (PA) e o poliuretano (PU).

12.4. *Specialties* são polímeros de alto desempenho, preço elevado (acima de US$ 7/kg) e consumo baixo (cerca de 100 t/ano); por exemplo, a polissulfona (PSF), o poliarilato (PAR) e o poli(éter-éter-cetona) (Peek).

12.5. Os materiais plásticos que se fundem com aquecimento e se solidificam com resfriamento são denominados **termoplásticos** e correspondem a 80% de todos os plásticos produzidos. Os materiais plásticos que não fundem com aquecimento nem dissolvem em qualquer solvente são denominados **termorrígidos**.

12.6. A degradação de plásticos é associada à quebra de ligações da cadeia principal da macromolécula. Essas reações podem ser iniciadas pela presença de resíduos catalíticos, grupos funcionais, insaturações, pigmentos, temperatura, presença de água, oxigênio e luz, entre outros.

12.7. Para ser **degradável**, a cadeia polimérica precisa apresentar ligações insaturadas ou átomos de carbono terciário. Para ser **biodegradável**, a cadeia polimérica precisa ser linear, sem ramificações, ou apresentar ligações éster, amida ou acetal, que são suscetíveis à hidrólise enzimática por ação microbiana.

12.8. Os refugos plásticos se acumulam no meio ambiente devido à sua relativa inércia à degradação ambiental. Essa degradação é particularmente acelerada em resíduos plásticos encontrados no ambiente marinho e na agricultura.

12.9. **Intemperismo** é um termo que engloba os efeitos da luz, da oxidação e do calor, intensificados pela umidade, pelas chuvas, pelos ventos e poluentes atmosféricos, entre outros. Todos esses fatores, incluindo a qualidade e a quantidade da luz solar, a posição geográfica, a estação do ano e as condições climáticas da região de exposição, devem ser considerados simultaneamente para o estudo da degradação.

12.10. A degradação dos plásticos é um processo complexo, podendo se manifestar em mais de um tipo, simultaneamente e/ou em estágios. Ela depende da duração da exposição à radiação e de fatores adicionais, como temperatura, presença de água e de componentes atmosféricos (oxigênio, ozônio, óxido nitroso e hidrocarbonetos). Os tipos de degradação que ocorrem durante a exposição dos plásticos às intempéries são: **fotodegradação**; **degradação química – hidrólise e oxidação –**; **biodegradação**, e **termodegradação**.

12.11. A **fotodegradação** é o tipo de degradação ambiental mais intensa que ocorre com os resíduos plásticos e está associada ao efeito de radiações, como a luz solar, os raios X e os raios cósmicos. Esses fatores levam à deterioração significativa das propriedades mecânicas, reduzindo a vida útil dos produtos.

12.12. A **degradação química** consiste principalmente de **hidrólise** e **oxidação**. Em muitos casos, uma reação significativa somente é observada a temperaturas acima da ambiente.

12.13. A **hidrólise** é uma reação química em que ocorre quebra da ligação entre carbono e heteroátomo da cadeia molecular pela ação da água, resultando em redução do peso molecular e deterioração nas propriedades mecânicas do material.

12.14. Alguns tipos de polímero, tais como poliésteres e poliamidas, possuem grupamentos hidrolisáveis e, por esse motivo, devem ser secos antes do processamento. O poli(tereftalato de etileno), PET, apresenta o grupamento éster como grupo hidrolisável.

12.15. A **biodegradação** é um processo pelo qual seres vivos, como as bactérias, os fungos e as leveduras, por intermédio de suas enzimas, consomem uma substância como fonte de alimento; assim, a forma original da substância desaparece. Sob condições apropriadas de umidade, temperatura e oxigênio, a biodegradação é um processo relativamente rápido. Um tempo razoável para que haja completa assimilação e desaparecimento do artigo por biodegradação é de dois a três anos. A biodegradação de plásticos exige a presença nas macromoléculas de grupamentos suscetíveis à hidrólise enzimática por ação microbiana.

12.16. A **termodegradação** sobre os plásticos está associada à ação da temperatura ambiente, determinada pela quantidade de radiação solar que é recebida.

Capítulo 13 — *A reciclagem de plásticos*

13.1. A solução ideal para a despoluição do meio ambiente seria a desintegração dos produtos descartados em partículas, que podem ser incorporadas ao solo. A versão tecnológica desta solução é muito difícil e tem motivado a busca de soluções alternativas para o descarte dos resíduos pós-consumidos, dentre elas a **reciclagem**, que é a forma mais importante para o descarte de resíduos pós--consumidos.

13.2. A reciclagem compreende coleta, separação e processamento de materiais aparentemente sem valor que servem como matéria-prima na manufatura de bens. A recuperação dos resíduos é indicada quando for técnica e economicamente viável e higienicamente utilizável.

13.3. Os principais benefícios da reciclagem de plásticos são: redução do volume descartado em vazadouros e aterros sanitários; preservação dos recursos naturais; diminuição da poluição; economia de energia e geração de empregos.

13.4. A reciclagem de plásticos pode ser realizada de diferentes formas, conforme se considere a origem da matéria-prima ou o processo de reciclagem. No primeiro caso, a reciclagem pode ser primária, secundária, terciária ou quaternária. No segundo caso, a reciclagem pode ser mecânica, química ou energética.

13.5. A **reciclagem primária** utiliza resíduos plásticos industriais, como rebarbas, peças mal moldadas, produtos do início de operação das máquinas, canais de injeção, aparas e peças plásticas fora de especificação, entre outros. Os refugos limpos são moídos e transformados em artefatos.

13.6. A **reciclagem secundária** utiliza os resíduos plásticos urbanos, como artefatos após seu consumo. Necessita de diversas operações adicionais à recuperação primária. É importante a retirada de contaminantes e partes metálicas presentes nos refugos, as quais podem danificar os equipamentos industriais.

13.7. A **reciclagem terciária** transforma os refugos plásticos em produtos químicos úteis, como monômeros e oligômeros, por meio de reações químicas, pela quebra parcial ou total das moléculas dos resíduos plásticos, selecionados e limpos.

13.8. A **reciclagem quaternária** consiste na incineração dos resíduos plásticos descartados, contendo ou não outros materiais. O resíduo mineral após a queima pode ser misturado ao solo sem dano ambiental.

13.9. A **reciclagem mecânica** está associada à reutilização de um resíduo industrial (reciclagem primária) ou artefato plástico pós-consumido (reciclagem secundária) para obtenção de outro artefato plástico e é o tipo mais difundido de reciclagem.

13.10. A **reciclagem química** está associada à reciclagem terciária e envolve reações de solvólise, pirólise e degradação termoxidativa. As reações de **solvó-**

lise consistem na quebra de ligações entre átomos de carbono e heteroátomos presentes nas cadeias poliméricas, tais como oxigênio, nitrogênio, cloro, enxofre etc. As reações de **pirólise** e de **degradação termoxidativa** consistem na quebra de ligações da cadeia do polímero por meio de processos termolíticos e são aplicáveis a polímeros contendo ligações carbono-carbono na cadeia principal.

13.11. A **reciclagem química** é mais adequada a tipos complexos de resíduo plástico, que ainda não dispõem de tecnologia de reciclagem adequada, tais como carpetes, materiais têxteis, fios e cabos, materiais leves, resíduos hospitalares, entre outros.

13.12. A **reciclagem energética** está associada à reciclagem quaternária e compreende a incineração de resíduos plásticos com recuperação de energia, sob a forma de calor, para uso de vapor ou geração de energia elétrica. Consiste num processo de oxidação térmica. Na queima de materiais poliméricos podem ser liberados produtos gasosos tóxicos, que requerem procedimentos subsequentes para evitar a contaminação do meio ambiente.

13.13. Deve-se ter em mente que, tanto na reciclagem mecânica quanto na química, o **valor energético** do polímero também retorna ao ciclo artificial de proteção ambiental.

13.14. Os **termoplásticos** podem ser reciclados com sucesso de forma química, mecânica e energética, enquanto os **termorrígidos** só são passíveis de reciclagem química e energética.

13.15. A **reciclagem mecânica** está associada ao reprocessamento dos resíduos em equipamentos industriais de transformação de plásticos que utilizam processos de extrusão, injeção, sopro e termoformação, envolvendo geralmente aplicação de calor e pressão.

13.16. A reciclagem mecânica de resíduos plásticos se baseia nos seguintes **requisitos**: fonte adequada de material refugado; fornecimento de matéria-prima confiável, em quantidade e qualidade; tecnologia adequada para a separação dos tipos de plástico e de transformação dos resíduos em produtos reciclados; e existência de mercado para absorção do "novo" material/artefato produzido, que é designado como **material reciclado**.

13.17. A **reciclagem mecânica** é comumente dificultada pela heterogeneidade da composição dos refugos e pela presença de diferentes plásticos que, na maior parte das vezes, são **incompatíveis**. Muitos plásticos pós-consumidos são compostos de diversas partes, cada qual com um polímero diferente. Alguns são laminados sobre papel ou metal, exigindo tecnologia especial para realizar a sua reciclagem.

13.18. Os principais estágios do processo de **reciclagem mecânica** de plásticos são: aquisição dos resíduos, triagem, prensagem, moagem, lavagem, secagem, reprocessamento por extrusão, corte em grânulos e transformação em produto acabado.

13.19. A **coleta seletiva** de garrafas de bebida carbonatada, feitas à base de poli(tereftalato de etileno), e de alguns tipos conhecidos de frascos de polietileno de alta densidade tem crescido bastante nos últimos anos devido à facilidade de reconhecimento da embalagem e do seu maior valor agregado.

13.20. A **triagem** é uma etapa importante na reciclagem dos resíduos plásticos urbanos. Em geral, os resíduos descartados são separados manualmente, na fonte, em dois tipos básicos para viabilizar as próximas etapas da reciclagem: embalagens rígidas — frascos, baldes, bacias e recipientes domésticos — e flexíveis — sacos, bolsas plásticas e envoltórios.

13.21. Os plásticos polietileno de alta densidade, polietileno de baixa densidade e polipropileno, que são hidrocarbonetos, possuem **densidade** inferior a um (densidade da água), isto é, **flutuam na água**, enquanto que poliestireno, poli(cloreto de vinila) e poli(tereftalato de etileno) apresentam densidade superior a um, isto é, **afundam na água**.

13.22. O plástico reciclado na forma de grânulos é vendido para indústrias de **transformação** para ser utilizado como matéria-prima para confecção de **produtos acabados**, tais como baldes, bombonas, sacos de lixo, sacos plásticos para supermercado e construção civil, mangueiras, conduítes etc.

13.23. A tendência atual é procurar **aplicações** para os materiais obtidos na reciclagem, sem buscar a segregação individual dos diversos componentes poliméricos, tentando atingir um grau de qualidade competitiva com o polímero virgem comercial.

13.24. Em qualquer caso, deve ser considerada preliminarmente a viabilidade de **coleta**, seletiva ou semisseletiva, dos resíduos sólidos urbanos para a escolha da tecnologia mais apropriada, devido à compatibilidade dos constituintes da mistura a reciclar.

13.25. A Humanidade precisa atingir o **equilíbrio** entre o que é **produzido e consumido** e o que é **descartado**. Há uma tendência irreversível à reciclagem dos materiais pós-consumidos. Assim, o Homem terá conseguido integrar com eficiência a sua atividade dentro dos **ciclos da Natureza**.

ÍNDICE DE ASSUNTOS